河南科技大学学科提升振兴A计划项目生态学
河南省自然科学基金（182300410075）
河南省科技攻关计划项目（162102110131）

微生物技术在农业饲料与肥料中的应用

宋 鹏 著

·北京·

内 容 提 要

本书以微生物技术为主线，对微生物技术在生物饲料和生物肥料这两方面中的应用做了详细阐述和讨论。全书主要内容分上下两篇。上篇内容为微生物饲料概述、饲料原料品质判断与产品设计、微生物饲料安全管理、微生物饲料应用实例；下篇内容为微生物肥料概述、微生物技术在农业肥料生产中的应用、微生物肥料安全管理、微生物肥料应用实例。

本书可作为高等院校相关专业的师生参考用书，也可供生物技术企业及研发机构的技术人员使用。

图书在版编目（CIP）数据

微生物技术在农业饲料与肥料中的应用 / 宋鹏著. -- 北京 : 中国水利水电出版社, 2018.8（2024.1重印）
ISBN 978-7-5170-6685-9

Ⅰ. ①微… Ⅱ. ①宋… Ⅲ. ①饲料－微生物学－研究 ②细菌肥料－研究 Ⅳ. ①S816.3②S144

中国版本图书馆CIP数据核字(2018)第171274号

责任编辑：陈 洁　　　封面设计：王 伟

书　　名	微生物技术在农业饲料与肥料中的应用 WEISHENGWU JISHU ZAI NONGYE SILIAO YU FEILIAO ZHONG DE YINGYONG
作　　者	宋鹏 著
出版发行	中国水利水电出版社 （北京市海淀区玉渊潭南路1号D座 100038） 网址：www.waterpub.com.cn E-mail：mchannel@263.net（万水） sales@waterpub.com.cn 电话：(010)68367658（营销中心）、82562819（万水）
经　　售	全国各地新华书店和相关出版物销售网点
排　　版	北京万水电子信息有限公司
印　　刷	三河市兴国印务有限公司
规　　格	170mm×240mm 16开本 13.5印张 245千字
版　　次	2018年8月第1版 2024年1月第2次印刷
印　　数	0001—2000册
定　　价	54.00元

凡购买我社图书，如有缺页、倒页、脱页的，本社营销中心负责调换

前　言

我国人口众多，而且属于农业大国，农业和畜牧业生产在国民生活中占有重要地位。但是随着城市化进程的加快，耕地和森林面积减少，全球面临土地、环保、食品的重大压力，再加上生产过程中大量使用饲料、化肥和农药导致了粮食、食品和生态三大安全问题的产生。过度依赖饲料和肥料的传统农业不堪重负、也无法继续发展，因此研发和推广绿色环保型的肥料和饲料，开辟可持续发展道路显得尤为重要。于是生态农业的概念应运而生，并且获得迅速发展。

与此同时，微生物领域也开始展开深入研究并获得重要成果。促进了农业微生物的研究、应用与发展，促进动物生长发育的微生物饲料和具有固氮、溶磷、解钾等功能的微生物肥料随之产生。大量实验证明，微生物在现代农业饲料和肥料中具有活化养分、调节促生、拮抗病菌、降解污染、改善环境等特殊功效，是发展生态农业、绿色农业、有机农业和确保“三大安全”的理想型产品添加剂。再加上近年来我国微生物饲料和肥料产业发展迅猛，各企业如雨后春笋般迅速崛起，年产能已突破1000万t，涉及粮食、蔬菜、果树、烟草、花卉及禽畜饲养等方面。开辟了推进农业产出高效、产品安全、资源节约的新途径。随着现代农业的发展，微生物饲料和肥料在农业中的需求将与日俱增，发展应用前景十分广阔。

为了开展较为深入的集成研发与示范，总结微生物技术在现代农业饲料和肥料中的研发应用成果，特编写了本书。全书分为上、下两篇共八章，从微生物的角度阐述了其在肥料和饲料中的具体应用。上篇从微生物饲料入手，概述了其在生产中的应用、安全管理以及在猪、牛、羊、鸡、鸭养殖中的实例应用。下篇则从微生物肥料的角度出发，分析了微生物肥料的研发应用背景、现状和前景，概述了其在生产中的应用、安全管理以及在小麦、玉米、烟草、谷子、牡丹种植中的实例应用。既有先进的科学理论依据，又有成熟、简便、实用的技术方法。

本书在编写上立足于实践，所举应用案例都是作者参与的试验研究结果，并且在编写过程中得到了广大专家和学者的热心帮助和支持。另外，还借鉴和参考了国内外同行的一些观点和相关资料，在此一并表示感谢。由于时间仓促和作者水平有限，书中难免有疏漏之处，还请专家学者们批评指正。

作　者

2018 年 1 月

目　录

上篇　微生物技术在农业饲料中的应用

第一章　微生物饲料概述 ……………………………………………… (3)

第一节　我国饲料安全的现状 ……………………………………………… (3)
第二节　饲料中的有毒、有害成分 ………………………………………… (6)
第三节　影响饲料安全的因素及解决措施 ………………………………… (24)

第二章　饲料原料品质判断与产品设计 ………………………………… (30)

第一节　饲料原料品质判断 ………………………………………………… (30)
第二节　饲料产品设计技术 ………………………………………………… (42)

第三章　微生物饲料安全管理 …………………………………………… (45)

第一节　微生物风险分析和评估的步骤 …………………………………… (45)
第二节　微生物风险评估的研究进展 ……………………………………… (50)
第三节　风险评估的应用——饲料中沙门氏菌的风险评估 ……………… (52)
第四节　微生物生长预测模型 ……………………………………………… (59)

第四章　微生物饲料应用实例 …………………………………………… (63)

第一节　微生物饲料在猪饲料中的应用 …………………………………… (63)
第二节　微生物饲料在牛饲料中的应用 …………………………………… (69)
第三节　微生物饲料在羊饲料中的应用 …………………………………… (74)
第四节　微生物饲料在鸡饲料中的应用 …………………………………… (77)
第五节　微生物饲料在鸭饲料中的应用 …………………………………… (85)

下篇　微生物技术在农业肥料中的应用

第五章　微生物肥料概述 …………………………………………… (93)

第一节　微生物肥料研究与应用进展 …………………………… (93)
第二节　开发微生物肥料的优势与意义 ………………………… (100)
第三节　我国微生物肥料发展现状与目标 ……………………… (107)
第四节　我国微生物肥料发展瓶颈与解决途径 ………………… (118)

第六章　微生物技术在农业肥料生产中的应用 ………………… (125)

第一节　生物肥料研发技术分析 ………………………………… (125)
第二节　农用微生物菌剂生产技术 ……………………………… (135)
第三节　生物有机肥生产技术 …………………………………… (145)
第四节　复合微生物肥料生产技术 ……………………………… (157)

第七章　微生物肥料安全管理 …………………………………… (161)

第一节　微生物肥料的规范管理 ………………………………… (161)
第二节　微生物肥料安全施用管理 ……………………………… (173)

第八章　微生物肥料应用实例 …………………………………… (184)

第一节　微生物肥料在小麦种植中的应用 ……………………… (184)
第二节　微生物肥料在玉米种植中的应用 ……………………… (187)
第三节　微生物肥料在烟草种植中的应用 ……………………… (189)
第四节　微生物肥料在谷子种植中的应用 ……………………… (195)
第五节　微生物肥料在牡丹种植中的应用 ……………………… (198)

参考文献 ……………………………………………………………… (205)

上篇

微生物技术在农业饲料中的应用

第一章　微生物饲料概述

在微生物饲料方面，目前还存在许多的问题，包括滥用抗生素、使用违禁药物、环境污染等。针对这些问题，我们做出了一些研究，需要分析每种原料的成分及造成问题的因素，以找到改善现状或者解决问题的方法。

第一节　我国饲料安全的现状

我国目前在饲料安全中主要存在药物残留、添加违禁药物、微生物污染、重金属残留、环境污染等方面的问题，这些都影响了饲料工业和食品工业的发展。

一、抗生素滥用

1946年人们发现链霉素、四环素对动物生长具有促进作用，从而开创了抗生素作为饲料添加剂的时代。1950年美国食品药品监督管理局（FDA）首次把抗生素用作饲料添加剂，世界各国相继将抗生素用于畜牧生产。但抗生素的最大危害——耐药性和残留性，引发了大量安全事故。

1. 超级细菌

超级细菌是一个统称，包含了所有对抗生素具有抗药性的细菌。超级细菌可以在人身上造成脓疮和毒瘤，严重的情况是人体肌肉坏死。对人的杀伤力并不是超级细菌真正的可怕之处，真正的可怕之处是超级细菌对抗生素的抵抗作用。一旦遇到超级细菌，几乎没有什么药可以使用。英国媒体在2010年的时候爆出南亚发现了新型超级病菌，名字为NDM-1，此病菌的抗药性很强。2013年，在英国发现了一种超级细菌，之后陆续在其他国家也被发现，该超级细菌名字为LA-MASA超级细菌，具有极强的感染力，主要存在于禽类体内。

产生超级细菌的主要原因是抗生素的滥用。据统计，全世界范围内，每年滥用的抗生素有50%，在我国接近80%。由于抗生素类药物的滥用，导致细菌长时间处于抗生素环境中，并且迅速适应了此环境，因此产生了各种超级细菌。过去若是病人需要使用青霉素，通常几十单位就可以活命；现在，对病人使用几百万单位的青霉素也没有效果。产生超级细菌的根本原因是基因突变，滥用抗生素使得微生物进行了定向选择，最终导致超级细菌盛行。

2. H7N9 型禽流感

2013 年，在安徽和上海发现的 H7N9 是一种新型的禽流感病毒，它是全球首次发现的新亚型流感病毒。经过调查发现，该病毒是由于东南亚野鸟与中国鸡群的基因重配造成的。而病毒自身基因变异可能是 H7N9 型禽流感病毒感染人并导致高死亡率的主要原因。

3. 45 天“速成鸡”

2012 年 11 月 23 日，媒体曝光了山西某集团养殖的“速成鸡”，一只鸡用饲料和药物喂养，从孵出到端上餐桌，只需要 45 天。这种“速成鸡”食用的饲料中均添加了促生长的抗生素，从而导致抗生素残留。

二、添加违禁药物

1. 瘦肉精

瘦肉精的正式名称是盐酸克伦特罗，简称克伦特罗，是一类用于治疗支气管哮喘、慢性支气管炎和肺气肿等疾病的药物，主要是肾上腺类、β-兴奋剂。大剂量“瘦肉精”用在饲料中可以促进猪的生长，减少脂肪含量，提高瘦肉率。但食用含有瘦肉精的猪肉对人体有害。农业部于 1997 年发文禁止在饲料和畜牧生产中使用瘦肉精，但还是屡禁不止。

2. 三聚氰胺奶粉

三聚氰胺俗称密胺、蛋白精，是一种含氮杂环有机化合物，被用作化工原料，对身体有害，不可用于食品加工。三聚氰胺含氮量高达 66.6%，添加在牛奶中可提高蛋白质含量。

2008 年据媒体报道，很多食用三鹿集团生产的奶粉的婴儿被发现患有肾结石，随后在其奶粉中发现化工原料三聚氰胺。

3. 红心鸭蛋

2006 年 11 月 12 日，中央电视台《每周质量报告》播报了北京市个别市场和经销企业售卖来自河北省石家庄等地用添加苏丹红的饲料喂鸭所生产的红心鸭蛋，并在该批鸭蛋中检测出苏丹红。

通常情况下，由人工喂养的鸭子产的蛋，蛋黄多为浅黄色和黄色；野生或放养的鸭子，它们的食物多以水草、鱼虾等为主，所产的蛋颜色大多偏红色。对鸭蛋进行腌制处理之后，蛋黄会呈现橘红色，蛋黄出现分层现象，油脂外溢，口感比较好。在人工喂养的鸭子饲料中添加一定量的红色色素，也可以使鸭蛋蛋黄呈现红色。红心鸭蛋的卖相较好，商家为了追求利益，常会在饲料中添加红色色素。

苏丹红是一种化工合成的染色剂，属于工业染料，常用于油彩、汽油等产品。一共有四个色号，分别命名为Ⅰ号、Ⅱ号、Ⅲ号、Ⅳ号。红心鸭蛋所使用的染料是苏丹红Ⅳ号，这种染料的毒性比较大，染出来的颜色也比较艳。国际致癌研究机构将苏丹红Ⅳ号列为三类致癌物。

三、微生物污染

霉菌毒素可在饲料生产的各个环节污染饲料。2009 年，我国对 244 份饲料样品共进行了 2023 项次检测，其中 779 项次呈阳性，阳性率为 38.5%,完全没有检测出霉菌毒素的样品仅 16 份，占样品总数的6.6%,只检测到 1 种霉菌毒素的样品数 35 份，占样品总数的14.3%;检测到 2 种或 2 种以上霉菌毒素的样品数 193 份，占79.1%,同时检测到 4 种以上霉菌毒素的样品数 135 份，占样品总数的55.3 %。

霉菌毒素可以通过饲料的途径进入动物产品。2011 年 12 月 25 日有媒体报道，某公司某批次利乐包装的牛奶黄曲霉素 M_1 超标 140%。公司随即承认了这一事实，并进行了道歉。牛奶中出现黄曲霉素 M_1 的原因是饲料中黄曲霉毒素含量过高。若把发霉的谷物作为饲料，其中的黄曲霉素在 24h 之后就能进入奶中。

四、环境污染

1. 二噁英污染

1999 年 5 月，比利时一些养鸡场突然出现异常，经农业部专家组调查，证明饲料受二噁英污染。在鸡脂肪及鸡蛋中发现有二噁英，且超过常规的 800～1000 倍，比利时的畜牧业及涉及畜产品的食品加工业顷刻间完全瘫痪，世界各国都宣布停止销售其商品。2010 年 12 月，我国出口欧盟的部分硫酸铜饲料添加剂产品中出现二噁英超标问题，对湖南、广东、四川 3 省 5 个城市的 7 家饲料级硫酸铜生产企业，采取现场调研。二噁英是多氯二苯并二噁英和多氯二苯并呋喃两类化合物的总称，属于剧毒物质，其致癌性比黄曲霉毒素高 10 倍。主要来源于与氯有关的化工厂、农药厂、垃圾焚烧和纸浆及纸的漂白过程。鱼体内的二噁英浓度可达周围环境的 10 万倍，牛肉、牛奶、猪肉、鸡肉、鸡蛋也都含有微量的二噁英。随着环境中二噁英含量的升高，人类某些疾病的发生率明显升高。二噁英被动物摄入体内后，主要沉积在肝脏和脂肪中，能引起肝、肾损坏和内分泌紊乱，危害生育和胚胎发育，损害免疫机能等。

2. 重金属污染

高铜、高锌等添加剂以及有机砷的大量应用，给环境带来了污染。以砷为例，饲料生产厂家在宣传有机砷制剂时，片面强调其促生长及医疗效果的一面，而忽视其致毒及可能导致环境污染的一面。据预测，一个万头猪场按美国 FDA 允许使用的砷制剂剂量推算，若连续使用含砷的加药饲料，5～8年将可能向猪场周边排放近 1t 砷，16 年后土壤中砷含量即上升为 0.28mg/kg。

第二节　饲料中的有毒、有害成分

植物饲料中含有种类众多、含量不等的有毒、有害因子，主要包括大豆抗原、蛋白酶抑制因子、游离棉酚、植酸、凝集素、芥酸、棉酚、单宁酸等。这些有毒、有害因子大都影响营养物质的消化和吸收，因此往往也被称为抗营养因子。除了这些饲料本身含有的有毒、有害成分外，饲料中还会含有外来的有毒、有害物质，比如，霉菌毒素、农药、转基因饲料等。

一、大豆抗原

大豆是优质的植物蛋白质和油脂来源，具有极高的营养价值，大豆中必需氨基酸的绝对含量高，且氨基酸组成比例平衡，接近理想蛋白质模式中的氨基酸比例，是人和动物优质的植物蛋白质来源。但大豆及其副产品中的大豆抗原影响营养物质的消化吸收，是影响人和动物生理健康的抗营养因子。

1. 大豆中主要抗原蛋白及其理化性质

大豆抗原是指大豆中能引起动物发生过敏反应的一类抗原性蛋白质。大豆中目前已被确认的抗原蛋白有 21 种，主要包括大豆疏水蛋白、大豆壳蛋白、大豆抑制蛋白、大豆空泡蛋白、大豆球蛋白、β-伴大豆球蛋白、2S 白蛋白等。其中大豆球蛋白和β-伴大豆球蛋白免疫原性最强，占大豆籽实总蛋白的 65%～80%，是大豆中的主要抗原蛋白。

（1）大豆球蛋白。大豆球蛋白是大豆中的一种主要储藏蛋白，也是最大的单体成分，占大豆蛋白质的40%左右，六聚体，300～380kDa，12条肽链，6个酸性亚基和6个碱性亚基，亚基之间通过二硫键连接，电泳图谱中有2个条带（B亚基20kDa、A亚基34～44kDa），与IgE、IgM和IgA有很强的结合性。引起过敏反应，最终导致消化吸收障碍和过敏性腹泻。

（2）β-伴大豆球蛋白。β-伴大豆球蛋白占大豆蛋白质的30%左右，糖蛋白三聚体，含有3.8%的甘露糖和1.2%的氨基葡萄糖。等电点4.8～4.9，180kDa，电泳图谱有3个条带（α亚基57～76kDa、亚基57～72kDa、β亚基42～53kDa），引起过敏反应，导致小肠绒毛萎缩、隐窝增生等过敏性损伤，最终导致消化吸收障碍和过敏性腹泻。

2. 大豆抗原蛋白对动物的危害

养分消化率降低是腹泻的直接原因，肠道对饲料抗原过敏是腹泻的最终原因，作用模式为：肠道过敏—肠道损伤—养分消化率下降—腹泻。以上说明了饲料抗原物质是仔猪腹泻的重要原因，消除抗原性即可消除或减轻腹泻。

大豆抗原蛋白主要引起仔猪特别是断奶仔猪的过敏反应，并表现为腹泻症状。大量的研究数据表明，仔猪在断奶之后食用饲料，饲料中含有抗原，抗原可以引起仔猪肠道的短暂过敏反应，这一点正是我们判断仔猪断奶后腹泻的决定因素。大豆中含有的抗原可以造成仔猪肠道过敏，引起肠道损伤，从而导致腹泻现象的出现。经过大量的研究，现在已经证实，大豆球蛋白和β-伴大豆球蛋白是引起断奶仔猪腹泻的主要抗原。

3. 消除大豆抗原蛋白抗原性的方法

（1）热乙醇处理。热乙醇是指温度在65～80℃的乙醇溶液。因为经过热乙醇处理的大豆蛋白，可以增加大豆抗原对胃蛋白酶和胰蛋白酶的敏感性，所以热乙醇可以将一部分大豆球蛋白和β-伴大豆球蛋白消除。但是，使用热乙醇方法消除大豆抗原蛋白抗原性，消耗的物力和人力比较大，会造成一定的经济损失。

（2）膨化处理。原料在进行膨化处理的时候，在受到压力的一瞬间使得原料下降而膨化，使得原料中的抗营养因子灭活，这个过程对原料进行了加热，也对原料造成了机械破坏。食用经过膨化处理的饲料的仔猪，它对蛋白质等营养物质的消化吸收率增强，生长性能也得到改善。膨化处理包括两种：一种是干式膨化，另一种是湿式膨化。对于仔猪饲料来说，全脂大豆和豆粕是常用的膨化原料。

（3）基因方法。大豆表现出抗原性是由基因决定的，通过基因敲除法可以将此基因除去，以此来培育没有抗原物质的大豆蛋白，这种方式越来越受到人们的关注。在植物生长中起到防御作用的一种物质是抗营养因子，若是植物体内的抗营养因子含量降低，可能会引起产量降低、抗病能力减弱等副作用。除此之外，使用这种方法进行育种的周期会延长，从而增加成本。使用基因方法的成功率较低。

二、蛋白酶抑制因子

1. 概述

蛋白酶抑制因子是指能和胃蛋白酶、胰蛋白酶等蛋白酶的必需基团发生化学反应，从而抑制蛋白酶与底物结合，使蛋白酶的活力下降甚至丧失的一类物质。蛋白酶抑制因子主要存在于大豆、豌豆、蚕豆、油菜籽等植物的种子或块茎内，特别是豆科植物，多数豆类种子的蛋白酶抑制因子占种胚蛋白总量的5%～10%。生大豆中蛋白酶抑制因子为30mg/g。其中最具有代表性的是胰蛋白酶抑制因子。

2. 蛋白酶抑制因子的抗营养作用

蛋白酶抑制因子的抗营养作用主要表现在以下两个方面：一是蛋白酶抑制因子可以与胰蛋白酶结合，生成一种不具有活性的复合物，使得胰蛋白酶的活性降低，从而影响蛋白质的消化率和利用率。二是蛋白酶抑制因子与肠道中的胰蛋白酶结合，使得胰蛋白酶失去活性，引起分泌过多的胆囊收缩素，从而对胰腺产生刺激，生成更多的胰蛋白酶，但是此时生成的胰蛋白酶并没有发挥消化的功能，而是重复着与胰蛋白酶抑制因子相结合的步骤，如此往复下去，就造成了蛋白质的内源性消耗。另外，胰蛋白酶中含有大量的含硫氨基酸，当胰腺分泌更多的胰蛋白酶的时候，会加剧含硫氨基酸的内源性损失，从而加剧了体内氨基酸的不平衡状态，引起胰腺增生和肥大，最终影响动物的生长。

3. 钝化饲料中蛋白酶抑制因子的方法

近10年来，国内外对于大豆胰蛋白酶抑制因子失活方法与技术的研究，主要在物理失活、化学失活、生物学失活等几个方面获得了明显的进展。

(1) 热处理。到目前为止，热处理仍是消除大豆中胰蛋白酶抑制因子的主要方法。其原理是蛋白酶抑制因子都是一些糖蛋白，因而加热后蛋白质发生变性，使蛋白酶抑制因子失去生物活性。因此，生大豆经过热处理后，可以提高其营养价值。

热处理的方法有湿加热法和干加热法。一般认为湿加热法较为有效，可采用常压蒸汽加热30min，或将大豆用水泡至含水量达60%时，蒸煮5min。干加热法的效果不如湿加热法。

蛋白酶抑制因子受热而被破坏的程度，因温度、加热时间、饲料颗粒大小和湿度等因素而不同。但是，长时间及强烈的热处理会使一些营养物质（如一些氨基酸和维生素）受到破坏。为了评价热处理的效果，目前已提出了一些评价方法与指标，如胰蛋白酶抑制因子活性与尿素酶活性测定、蛋白质分解指数、水溶性氮指数等。其中，应用较多的是尿素酶活性测定，其原理是：粉碎的饼粕与中性尿素缓冲溶液混合，在30℃保持30min，尿素酶催化尿素水解产生氨，用过量的盐酸中和所产生的氨，再用氢氧化钠标准滴定溶液回滴。

（2）酶解。生物技术的迅猛发展为胰蛋白酶抑制因子的失活提供了另外一种有效的方法，其原理是胰蛋白酶抑制因子可作为底物而被蛋白酶水解，从而使其活性中心结构改变而失去活性。研究发现，枯草杆菌蛋白酶能钝化花生及大豆胰蛋白酶抑制因子。另外，还发现在萌发的黄豆和绿豆中存在特定的酶，能降解大豆胰蛋白酶抑制因子，并且从绿豆芽中提纯出一种能降解大豆胰蛋白酶抑制因子的酶。

此外，还有发酵处理法，但此法会破坏植物种子中的蛋白质，损失部分氨基酸和其他营养物质。

三、棉酚

1. 概述

我国棉花产量居世界第一。棉籽饼中蛋白质含量达44%，是重要的植物蛋白资源。由于棉籽饼（粕）中含有0.6%～2%的有毒物质棉酚，限制了其利用价值。

棉酚是锦葵科棉属植物色素腺产生的多酚二萘衍生物，存在于其叶和种子中，有游离与结合两种状态。游离棉酚是指其分子结构中的多个活性基团（醛基与羟基）未被其他基团结合的棉酚，易溶于油脂和有机溶剂，对动物具有毒性；结合棉酚是游离棉酚与蛋白质、氨基酸、磷脂等物质互相作用而形成的结合物，不溶于油脂和有机溶剂，难以被动物消化，很快被排出体外，故没有毒性。

棉籽饼中棉酚的含量因棉花品种、棉籽制油工艺的不同而有很大差异，表1-1中列出了几种榨油工艺对棉酚含量的影响。

表 1-1 不同榨油工艺对棉籽饼（粕）中棉酚含量的影响

制油方法	游离棉酚（%）		结合棉酚（%）	
	平均	范围	平均	范围
压榨（机器）	0.076	0.030～0.162	0.958	0.680～1.280
浸提	0.070	0.011～0.151	0.829	0.363～1.065
土榨（人工）	0.192	0.014～0.440	0.456	0.039～0.991

2. 棉酚的毒性

棉酚被摄入后，大部分在消化道中形成结合棉酚随粪便排出，只有小部分被吸收。被吸收的棉酚在体内比较稳定，不易被破坏，排泄也比较缓慢，在体内有蓄积作用。因此，长期连续饲喂可引起动物中毒。

棉酚主要由其活性醛基和活性羟基产生毒性，并引起多种危害：

（1）游离棉酚是细胞、血管和神经性的毒物。在消化道中，可刺激胃肠黏膜，引起胃肠炎；吸收入血后，能损害心、肝、肺、肾等实质器官，引起心力衰竭，进而引起肺水肿和全身缺氧性变化；棉酚可增强血管壁的通透性，促进血浆和血细胞渗透到外周组织，发生浆液性浸润、出血性炎症和体腔积液；棉酚易溶于脂质，能在神经细胞中积累而使神经系统的机能发生紊乱。

（2）棉酚在体内可与蛋白质、铁结合，干扰一些重要的功能，如蛋白质、酶及血红蛋白的合成并引起缺铁性贫血。

（3）禽蛋中的棉酚还能与蛋黄中的铁结合，改变蛋黄的 pH 值，引起禽蛋变质，蛋黄变为黄绿色或红褐色。饲粮游离棉酚达到 50mg/kg，蛋黄即会变色。

（4）棉酚能损害动物睾丸曲精小管的生精上皮，影响精子形成，导致精子畸形、死亡，甚至无精，从而造成公畜不育。对于母畜，棉酚能使子宫收缩，引起妊娠母畜流产或早产，因此，棉籽饼（粕）一般不用在种用畜禽饲料中。

3. 游离棉酚限量要求

在《饲料卫生标准》（GB 13078—2001）中规定，游离棉酚在产蛋鸡配合饲料中的含量不得高于 20mg/kg。具体规定见表 1-2。

表 1-2 游离棉酚在饲料中的限量

饲料产品名称	游离棉酚的允许量（mg/kg）
棉籽饼（粕）	≤1200
肉用仔鸡、生长鸡配合饲料	≤100
产蛋鸡配合饲料	≤20
生长育肥猪配合饲料	≤60

4. 合理利用棉籽饼（粕）的途径

限量使用是最常用的方法。动物对游离棉酚耐受能力不同，鸡对游离棉酚耐受力较高，肉用仔鸡为150mg/kg，产蛋鸡为200mg/kg，考虑到鸡蛋品质，则应控制在50mg/kg以下。猪对游离棉酚耐受力低于鸡，当游离棉酚含量达100～200mg/kg时，猪出现食欲减退；达200mg/kg以上，猪生长不良；达300mg/kg以上，则猪中毒死亡。我国学者建议饲料最高限量为：母猪50mg/kg、肉猪100mg/kg、肉用仔鸡200mg/kg、产蛋鸡50mg/kg。

棉酚对动物的毒性因动物种类和品种不同而有所差异，家禽对棉酚的耐受性高于猪。虽然通常认为反刍动物的瘤胃微生物的发酵作用可使棉酚分解，游离棉酚在瘤胃中可与可溶性蛋白质结合而降低毒性，但犊牛由于瘤胃机能尚不完善，难以对棉酚起到解毒作用，因而易引起中毒，因此犊牛日粮中游离棉酚的最大允许量为100mg/kg。

另外，饲料中的其他营养因素，如蛋白质、铁的含量可影响动物对棉酚的耐受量。日粮中高水平蛋白质可以降低棉酚的毒性。

5. 棉酚脱去方法

（1）物理脱去法。主要是利用棉酚在高温、高水分作用下与氨基酸或者蛋白质反应，由游离态转变为结合态，同时自身发生降解反应，从而降低棉酚的毒性。采用物理方法，不但可大大降低游离棉酚的含量，也可降低棉籽饼（粕）残油率。该类方法主要包括棉籽饼（或粕）制造工艺中的加热处理（将棉籽粉暴晒、蒸煮、焙炒和膨化等）和用不同的溶剂进行浸泡［丙酮（53%）+正乙烷（44%）+水（3%）］两大类方法。其中以膨化处理的工艺简单且脱毒效果好，其脱毒率可达56.5%，若能再结合其他措施，如在膨化前加入$FeSO_4$和生石灰，则脱毒效果可达84%～98%。此法简便易行，但会降低棉籽饼（粕）中有效赖氨酸的含量。

（2）化学脱去法。化学脱去法是在棉籽饼（粕）中添加一定量的化学试剂，并在一定条件下使游离棉酚变性或转化成结合棉酚，从而降低棉酚的毒性。常用的脱毒剂有硫酸亚铁、碱、尿素、Ca^{2+}、芳香胺等。硫酸亚铁中的Fe^{2+}能与棉酚螯合，使棉酚中的活性醛基和羟基失去作用，从而达到脱毒目的，且Fe^{2+}也能降低棉酚在家禽肝脏的蓄积量，防止家禽中毒。添加量一般按硫酸亚铁与游离棉酚呈5∶1的重量比添加，脱毒效率在90%以上。但一般要求饲料中铁的含量不超过0.2%。

（3）微生物发酵法。在棉籽粕的脱毒方法中，微生物发酵法不用添加任何物理试剂和化学试剂，不会影响到棉籽粕蛋白的功能和性质，并且该法的脱毒效果较好。研究人员从自然界霉变棉籽饼（粕）中，分离筛选出对棉酚有耐受能力霉菌，接种在棉籽中并发酵，脱毒效率达60%～75%，总脱毒率在80%以上。但技术要求较高，设施投资也较大。

(4) 其他方法。改进棉籽制油工艺，在降低棉酚含量的同时，要保持蛋白质的较高品质，特别是赖氨酸的含量。同时也要培育和推广低棉酚棉籽品种。

四、非淀粉多糖（NSP）

非淀粉多糖指植物组织中除淀粉以外的其他多糖成分，包括纤维素、半纤维素、果胶和抗性淀粉（如β-葡聚糖、阿拉伯木聚糖、甘露聚糖等）。根据其在水中的溶解性可将非淀粉多糖分为可溶性非淀粉多糖（如β-葡聚糖和阿拉伯木聚糖）和不溶性非淀粉多糖（如纤维素）。可溶性非淀粉多糖是指在植物性饲料的细胞壁中，一些以氢键松散地和纤维素、木质素、蛋白质结合的非淀粉多糖，可溶于水，在非淀粉多糖中所占比例较小，但却是主要的抗营养因子，因为可溶性非淀粉多糖在单胃动物胃肠道内不易被消化酶消化，直接进入大肠被大肠里的微生物分解与发酵，通常会造成单胃动物的营养障碍，从而降低动物采食量，减缓动物生长。

1. 非淀粉多糖的种类与结构

非淀粉多糖包括β-葡聚糖、阿拉伯木聚糖、甘露聚糖、果胶多糖等。表1-3列出常用饲料原料所含非淀粉多糖类型及含量。

表1-3　常用饲料原料的非淀粉多糖类型及含量

饲料名称	阿拉伯木聚糖（%）	β-葡聚糖（%）	纤维素（%）	甘露聚糖（%）	果胶（%）	总NSP（%）
玉米	5.2	0.1	2	14	0.6	8.5
小麦	8.1	0.8	2	0.1	0.5	11.5
大麦	7.9	4.3	3.9	0.2	0.5	16.8
高粱	2.1	0.2	2.2	0.1	0.2	4.8
大米	0.2	0.1	0.3	-	0.2	0.8
麦麸	21.9	0.4	10.7	0.6	1.9	35.5
次粉	14	1.9	0.3	0.3	2	26.2
豆粕	4	6.7	6	1.6	11	29.3
棉籽粕	9	5	6	0.4	4	24.4
菜籽粕	4	5.8	8	0.5	11	29.3

2. 非淀粉多糖对畜禽的营养作用

非淀粉多糖虽然不能被动物消化道前段的消化酶消化，但在消化道后段微生物和酸碱的作用下，仍可被部分分解成挥发性脂肪酸，从而降低肠道 pH 值，促进乳酸菌的增殖，提高机体免疫力，预防断奶仔猪腹泻的发生。另外，非淀粉多糖还可作为肠道内有益菌的能量来源，从而有利于肠道有益菌的生长，维持动物肠道健康。

3. 非淀粉多糖对动物的抗营养作用

非淀粉多糖对动物有一定的营养作用，其中的可溶性非淀粉多糖具有较大的抗营养作用。目前，可溶性非淀粉多糖的抗营养作用日益受到关注。

（1）降低养分利用率。可溶性非淀粉多糖在动物消化道前段因缺乏相应的内源酶而难以被消化降解，直接与水分子作用增加溶液的黏度，且随非淀粉多糖浓度的增加而增加。另外，非淀粉多糖分子本身互相缠绕成网状结构，使溶液黏度大大增加，甚至形成凝胶。这种物质在消化道内能使食糜变黏，进而阻止养分与酶结合，最终降低养分消化率。肠内黏度高时，阻碍了脂肪形成脂肪微粒，导致胆汁酸盐降低，进而影响脂肪消化。

（2）降低动物生产性能。可溶性非淀粉多糖可使肠内容物呈浓稠的胶冻样，减缓了肠道食糜的通过速度，从而减少了畜禽的采食量，而且凝胶状物质可降低养分消化率，因而会降低动物生产性能。研究表明，小麦基础日粮中加入 1.0%～1.4%水提取的黑麦阿拉伯木聚糖，肉鸡采食量会下降 5%～17%，饲料转化率下降 12%～14%，生长速度下降 19%～29%。

（3）产生黏性粪便。通过多次试验发现，在以玉米为主的基础日粮中添加黑麦水可以引起黏性粪便的产生，并且抑制动物的生长。通过另外的试验发现，将肉鸡喂养的日粮改为大麦，可以延缓肉鸡的生长速度，并且产生黏性粪便。

4. 克服 NSP 抗营养作用的措施

最近几年，推出了添加酶制剂、水处理、添加抗生素等方法来改善饲料营养价值，消除可溶性 NSP 物质的抗营养作用。

（1）添加酶制剂。在 NSP 饲料中添加 NSP 酶制剂，可以将其分割为较小的聚合物，在很大程度上降低了可溶性 NSP 的黏性，达到了降低食糜黏度的目的。除此之外，NSP 酶制剂还具有破坏细胞壁结构的功能，将被束缚住的营养物质释放出来，提高了饲料的吸收利用率和对营养物质的消化率。

经过大量的试验表明，在肉鸡增重、饲料转化率以及减少黏性粪便方面，NSP 有着非常显著的功效。

（2）水处理。通过水处理可将饲料中的可溶性 NSP 除去，与此同时，还可以将降解 NSP 的内源酶活化，达到改善饲料营养价值的目的。

饲料中的可溶性 NSP 的含量会影响到水处理的效果。水处理原料的并不是对所有的原料效果都一样，往往大麦和小麦的处理效果比玉米的好。导致这一现象的原因是玉米中可溶性 NSP 含量低于大麦和小麦。

试验表明，在鸡饲料中添加水处理后的黑麦，可以显著地提高鸡的生长速率和对饲料的利用率，增加脂肪的吸收率。

(3) 添加抗生素。在动物饲料中添加抗生素可以消除可溶性 NSP 的抗营养作用。在家禽后肠道中，厌氧菌是最主要的微生物。对于含有大量阿拉伯木聚糖和β-葡聚糖的日粮来说，当其在家禽体内被消化的时候，它们当中的一部分会从原来的上部肠道移到下部肠道，这些多糖会成为碳源，维持厌氧微生物的生长繁殖。除此之外，这些微生物还具有一个副作用，它们可以分解胆汁盐。在饲料中添加抗生素就可以将这些微生物消除，即将 NSP 抗营养作用消除。

对于可溶性 NSP 的抗营养作用的消除来说，除了上述的方法外，还有别的方法，比如，在动物饲料中添加燕麦麦壳等，这类方法的作用机制还没有彻底掌握，所以在使用的时候需要谨慎，还需要对其进行持续的研究。

五、其他抗营养因子

(一) 单宁

单宁是分子量为 500～3000 的多酚类化合物，通常可分为水解单宁和缩合单宁。缩合单宁是饲料中单宁的主要存在形式。单宁广泛存在于植物体内，在饲料中以高粱、油菜饼含量较高，分别达 0.02%～3.4%、1.5%～3.5%。日粮中高含量单宁会影响动物的食欲，降低采食量、动物的生产成绩和营养物质的消化利用率，甚至引起胃肠道疾病和毒害肝、肾。

1. 单宁对动物的抗营养作用

单宁的急性毒性很低，大鼠经口摄入的 LD_{50} 为 2260mg/kg，对大鼠最大无作用剂量为 800mg/kg，但长期采食高单宁的饲料可引起多种危害。

单宁的抗营养作用，可以认为是多种因素综合作用的结果：

(1) 单宁与口腔唾液蛋白结合，产生不良的涩味，降低动物的摄食量。

(2) 单宁在消化道可与日粮中蛋白质结合成不溶性、难消化的复合物，也可与多种金属离子（如 Ca^{2+}、Fe^{2+}、Zn^{2+} 等）发生沉淀作用，从而降低它们的利用率。

(3) 单宁可以与动物消化道内的酶相结合，对酶的活性和功能产生抑制作用，从而影响吸收和消化饲料中营养成分。

（4）单宁可以与胃肠道黏膜的蛋白质相结合，形成不溶性蛋白膜沉淀，影响胃肠道的运行机能，造成胃肠迟缓等后果。

（5）单宁可以引起毛细血管收缩，减少肠液的分泌，从而导致便秘现象的发生。

大剂量的单宁对动物肠道黏膜还有强烈的刺激与腐蚀作用，可引起出血性与溃疡性胃肠炎，甚至会发生腹痛、腹泻等。

2. 防止单宁危害的措施

（1）合理利用含单宁的饲料。首先，要控制单宁含量较高的饲料在动物饲粮中的添加比例，高粱以不超过20%为宜。其次，是在饲粮中添加一定的甲基类饲料添加剂（蛋氨酸或胆碱），或者提高饲料的蛋白质水平，可缓解或消除单宁的不良影响。

（2）单宁的脱毒处理。单宁主要存在于籽实的种皮，可以采用机械加工脱去外皮，这样可除去大部分单宁。也可以采用酸、碱或甲醛降低或消除日粮中的单宁。此外，可以通过作物育种途径，培育出低单宁饲料品种。

（二）植酸

植酸又称为六磷酸肌醇，或肌醇六磷酸酯，是由一分子肌醇与六分子磷酸结合而成，是一种强酸，为黄色液体。其分子式为 $C_6H_{18}O_{24}P_6$，分子量为660.8，有6个带负电荷的磷酸根基团，具有很强的螯合能力。植酸能被植酸酶水解为正磷酸盐和肌醇或肌醇衍生物，每个植酸分子被完全水解时释放6个磷离子。

植酸广泛存在于植物中，其中植酸及其盐含量以谷类、豆类和油料等作物籽实中最为丰富，其含量可达1%～3%，占植物总磷的60%～80%，然而单胃动物体内缺乏植酸酶，很大程度上降低了磷的有效利用。植酸对二价、三价金属离子，如锌、铜、钴、锰、钙、铁、镁等具有很强的络合能力，在胃肠道pH值条件下与金属离子形成稳定的不溶性盐类，从而影响某些必需矿物质元素的吸收利用，其中尤以对锌的影响最大。植酸还可络合蛋白质，抑制消化酶如胃蛋白酶、α-淀粉酶和胰蛋白酶的活性。所以植酸的存在使多种常量和微量元素利用率下降，还降低了蛋白质、淀粉、脂类物质等营养因子的消化利用。

为了提高植酸磷的可利用性，降低或消除植酸对其他金属离子利用率的不良影响，可在饲料中添加高水平的维生素 D_3，也可在饲喂前对饲料进行一定处理，如用热水浸泡、微生物发酵、热压等，目的是使植物中的植酸酶水解部分植酸。但是比较有效的且近年来研究较多的方法是在饲料中添加外源性植酸酶，许多研究表明添加植酸酶可以使猪对磷的消化率提高5%～15%，同时提高对其他金属离子的利用率。

（三）环丙烯类脂肪酸

环丙烯类脂肪酸是指含有结合环的脂肪酸，主要存在于棉籽饼（粕）的残油中。普通螺旋压榨法生产的棉籽饼含残油4%～7%，环丙烯类脂肪酸含量为250～500mg/kg。

环丙烯类脂肪酸主要对蛋品质有不良影响。此类脂肪酸可显著提高鸡蛋卵黄膜的通透性，并改变蛋黄及蛋清的pH值，蛋黄中铁离子透过卵黄膜向蛋清中转移，并与蛋清、蛋白螯合而形成红色复合体，使蛋清呈桃红色，故称“桃红蛋”。此时，蛋清中的水分也可转移到蛋黄中，使蛋黄膨大。而环丙烯类脂肪酸还可使蛋黄变硬，这种蛋黄膨大、变硬的鸡蛋经过加热可形成所谓的“海绵蛋”。目前认为，其原因是此类脂肪酸可以通过抑制肝微粒体中的脂肪酸脱氢酶的活性而改变鸡的脂类代谢，使蛋黄脂肪中硬脂酸和软脂酸等饱和脂肪酸的比例增加，因而蛋黄脂肪熔点升高，硬度增加。鸡蛋品质的上述不良变化，也可使种蛋的受精率和孵化率下降。

（四）胃肠胀气因子

胃肠胀气因子是豆类籽实中含有的某些低聚糖，主要是水苏糖和棉籽糖等，其含量随品种、栽培条件等不同而有所差异。

在人和动物小肠内没有α-半乳糖苷酶，因而不能分解水苏糖和棉籽糖，故这两种糖不能被人和动物消化利用。但它们进入大肠后，能被肠道微生物发酵，产生大量的二氧化碳和氢气，也可产生少量甲烷，从而引起肠道胀气，并导致腹痛、腹泻、肠鸣等。不同种类和品种的豆类籽实引起胃肠胀气的能力不同，其中菜豆籽实的能力最强，大豆、豌豆和绿豆属于中等水平。

胃肠胀气因子在通常的蒸煮条件下不会被破坏，而发芽可以使某些豆类的低聚糖减少，如大豆籽实萌芽24h可使水苏糖和棉籽糖含量减少一半。因此，降低或消除豆类籽实中胃肠胀气因子的有效途径是：在豆类蒸煮之前，先浸泡1d，水可溶解部分低聚糖，再催芽2～3d，可减少或全部消除肠道胀气因子。此外，酶水解、微生物发酵、乙醇浸提等方法都可减少或消除胃肠胀气因子。

（五）芥子碱

芥子碱是一种芥子酸与胆碱结合构成的酯，分子式为$C_{16}H_{25}O_6N$，分子量为 327。它能溶于水，不稳定，易发生非酶催化的水解反应而生成芥子酸和胆碱。菜籽饼（粕）中含有 1%～1.5%的芥子碱。

芥子碱有苦味，可降低饲料的适口性，并使棕色蛋壳的鸡蛋产生腥味。鸡采食芥子碱后，芥子碱在肠道内可分解为芥子酸和胆碱，胆碱进而转变为三甲胺。在正常情况下，鸡体内的三甲胺氧化酶可将三甲胺氧化，但由于褐壳系蛋鸡缺乏三甲胺氧化酶，使三甲胺不能像其他品种蛋鸡中那样被继续氧化，而是累积于蛋中。当蛋中三甲胺的浓度超过 1mg/kg 时，鸡蛋就会出现鱼腥味。

芥子碱易被碱水解，用石灰水或氨水处理菜籽饼，可除去约 95%的芥子碱。

六、霉菌毒素

（一）分类

1. 饲料中主要的产毒霉菌

霉菌是一种多细胞微生物，广泛存在于自然界中，在微生物学上属于真菌，其通过孢子的形式繁衍。霉菌孢子普遍存在于土壤和一些腐烂植物中，经由空气、水及昆虫传播到植物上，一旦孢子接触到破裂的种子，就会迅速发生霉变反应。

饲料中产生霉菌毒素的主要有 4 类霉菌，分别是曲霉菌属、青霉菌属、麦角菌属（主要分泌麦角毒素）、镰刀菌属，也是最常见的几种霉菌。其中曲霉菌属有黄曲霉、赭曲霉、杂色曲霉、寄生曲霉、烟曲霉等。青霉菌属包括橘青霉、鲜绿青霉、红色青霉等。镰刀菌属有禾谷镰刀菌、三线镰刀菌、拟枝孢镰刀菌等。

2. 主要的霉菌毒素

产毒霉菌所产生的霉菌毒素目前已知的有 300 多种。其中在饲料卫生上比较重要的霉菌毒素大部分来源于曲霉菌属、镰刀菌属、青霉菌属。饲料中常见的霉菌毒素包括黄曲霉毒素、玉米赤霉烯酮、呕吐毒素、T-2 毒素、串珠镰孢菌毒素等。

（二）危害

1. 对饲料的危害

在收割饲料原料的时候，大多数都会受到外界霉菌的污染。霉菌可以产生分解利用饲料营养成分的酶，使得饲料的营养物质减少，营养成分降低。当我们将对谷粒采取整粒储存的时候，谷粒的营养成分没有太大的变化。但是若将其粉碎后再进行储存，此时的状态极易使霉菌入侵，那么其营养成分就会发生较大的变化。当原料中的霉菌大量繁殖之后，会造成粗脂肪的减少，还会降低蛋白质的吸收率和消化率，导致原料的营养成分发生变化，饲料的使用价值变低。当饲料发霉情况严重的时候，饲料的使用价值甚至可能为零。据联合国粮农组织的数据估计，每年霉菌引起的损失达到数千亿美元，并且这种损失呈现增长的趋势。

2. 对动物机体的危害

霉菌毒素可以影响动物机体的免疫机能，具体见表1-4。

表1-4　饲料中常见的霉菌毒素及其影响

种类	主要污染物	敏感动物	毒性作用	动物临床表现
黄曲霉毒素 B_1	花生、玉米、小麦、棉籽、大麦等	雏鸭最敏感，猪、鸡、鸭等均很敏感	免疫抑制，致癌，肝毒性	家禽厌食，体增重下降，产蛋量下降。出血性肝坏死，出血性腹泻及生物性能下降
玉米赤霉烯酮	玉米、小麦、大麦、稻谷、燕麦等	猪、奶牛等	雄激素样作用，生殖系统损害	母猪不孕，流产，假发情，产死胎，仔猪“八”字腿增多，公猪精液质量下降
烟曲霉毒素 B_1	玉米、稻谷等	马、猪等	神经毒性，免疫抑制	猪肺水肿，胸膜腔积水，大脑白质软化
呕吐毒素	玉米、小麦、大麦、稻谷、燕麦等	猪最敏感	肝毒性，肾毒性，消化道刺激	高剂量导致动物呕吐，低剂量引起拒食
赭曲霉毒素A	小麦、大麦、玉米、稻谷、燕麦等	猪、家禽等	肾毒性，致癌，致畸，免疫抑制	动物易渴，尿频，生长迟缓，饲料利用率降低，腹泻、厌食和脱水
T-2毒素	玉米、小麦、大麦、稻谷、燕麦等	猪最敏感	肝毒性，肾毒性，消化道刺激	厌食、呕吐、腹泻、体温下降、生长停滞、消瘦

3. 对人体的危害

霉菌及其毒素不仅会影响畜牧生产，还会对人体造成危害。若是人食用了含有霉菌或其毒素的食物，就会引起人体霉菌中毒。在最早爆发的一次人类霉菌中毒事故中，死亡人数高达万人。在众多霉菌毒素中，对人体危害最大的是黄曲霉毒素 B_1，微量便具有致癌性、致突变性，还可导致细胞毒性。

4. 霉菌毒素产生毒性作用的机制

（1）改变细胞膜的结构，诱导脂类发生过氧化反应。霉菌毒素通过改变一些抗氧化剂的浓度以及抗氧化酶的活性，从而诱发细胞的过氧化反应，或者改变细胞的氧化还原状态，打破机体原有的抗氧化剂和促氧化剂之间的平衡。比如，黄曲霉毒素、赭曲霉毒素、烟曲霉毒素、玉米赤霉烯酮等。

（2）抑制蛋白质、DNA 和 RNA 的合成。比如，赭曲霉毒素、烟曲霉毒素、T-2 毒素等，通过抑制这些功能物质的合成，从而导致机体免疫抑制、肝中毒、肾中毒、神经中毒。

（3）诱导细胞凋亡。霉菌毒素通过直接影响关键酶或通过改变细胞中抗氧化剂与促氧化剂之间的平衡，尤其是降低谷胱甘肽的浓度来激发细胞程序化死亡。

七、农药

（一）饲料中常用的几种农药

农药是指用于预防、消灭或者控制危害农作物、农林产物和树木的病、虫、草及其他有害物质的药物的统称。农药广泛地应用于农业、林业和畜牧业等领域。农药的作用具有两面性：可以有效控制或消灭农业、林业的病、虫及杂草，提高农、林产品的产量和质量；反之，使用农药也带来环境污染，同时也造成食品和饲料中农药残留，对动物和人类健康产生危害。

农药的种类繁多，其中大部分农药是化学合成的，称为化学性农药；小部分农药来源于生物或其他天然物质的一种或几种物质的混合物及其制剂，称为生物性农药。按化学成分可分为有机氯类、有机磷类、有机氮类、氨基甲酸酯类、有机砷类、有机汞类等。

1. 有机氯类

有机氯类杀虫剂是以碳氢化合物为基本架构，并有氯原子连接在碳原子上，同时又有杀虫效果的有机化合物。大多数有机氯杀虫剂具有生产成本低廉、在动植物体内及环境中长期残留的特性。有机氯杀虫剂包括滴滴涕和六六六等化合物。六六六和滴滴涕都是常用的杀虫剂，它们本身并不具有很强的毒性，但是它们的化学性质特别稳定，消解比较缓慢，容易累积于脂肪内。因此，在畜牧业中，需要重点考虑的是其残留性问题。

2. 有机磷类

目前，我国使用最广泛的杀虫剂是有机磷类杀虫剂。有机磷类杀虫剂的稳定性没有有机氯类的好，这类杀虫剂极易被氧化，在水中可以被迅速分解，因此不容易残留。但是对于大多数的哺乳动物来说，有机磷类杀虫剂具有极强的急性毒性，很容易通过污染饲料造成哺乳动物中毒。

和有机氯类杀虫剂相比，有机磷类杀虫剂非常不容易残留在农作物中，万一有残留，那么残留的时间非常短。不同的有机磷类杀虫剂在农作物上的残留时间是不同的，比如，敌敌畏、辛硫酸等药物在施药两三天之后，就可以完全失去药效；有的情况下，几个小时即可失效。

（二）农药在饲料中的残留

农作物的外皮、外壳和根茎部是畜禽饲料的主要来源，当农作物被喷洒农药之后，这些部分极易残留农药，往往比别的部位的农药残留量更高。当我们将这些部位制成饲料投喂动物之后，动物体内就会残留农药，从而畜产品中也会有农药残留。

饲料中的农药残留主要来自两方面：一是农药对农作物的污染；二是环境对农作物的污染。

1. 农药对饲用作物的直接污染

施用在农作物上的农药，有一部分会残留在农作物内，最终进入可食用部位；有一部分会被降解消失。如果残留的农药具有较强的稳定性，那么通过可食用部位，最终会进入牲畜体内或人体内。有的农药具有很强的渗透性，这种农药不仅具有很强的污染能力，还会大量残留在农作物中。产品中农药的残留量与一些因素有关，包括用药次数、用药量和两次用药的间隔时间等。用药次数越多，残留量越大；用药量越大，残留量越大；用药间隔时间越短，残留量越大。

2. 饲用作物从污染的环境中吸收农药

农作物施用农药时，农药可残存在土壤中，有些性质稳定的农药如六六六、滴滴涕能在土壤中残存十余年。农药的微粒还可随空气飘移至很远的地方，污染饲料和水源。这些环境中残留的农药又被作物吸收、富集，而造成饲料的污染。影响农药在田间土壤中残留的因素，除农药的理化性质及施用情况外，还与土壤的种类、结构等有关，土壤中残留的农药大多积储在离土表 10cm 的土层处，水田土壤中农药残存的时间比旱地短。不同种类的作物从土壤中吸收残存农药的能力也有所不同，一般来说，根菜类、薯类吸收土壤中残存农药的能力强，而叶菜类、果菜类较弱。此外，水生植物从污染的水源中吸收农药的能力比陆生植物从污染的土壤中吸收农药的能力要强得多，水生植物体内农药残留量往往比所生长的环境中的农药含量高若干倍。

不管饲用作物通过哪种途径被农药污染，都易造成农药残留，从而危害动物和人类健康。我国《饲料卫生标准》规定了六六六和滴滴涕在饲料中的残留限量，见表1-5。

表1-5　我国《饲料卫生标准》规定的农药残留限量

指标项目	产品名称	允许的限量（mg/kg）	试验方法
六六六	米糠	≤0.05	GB/T 13090
	小麦麸		
	大豆饼、粕		
	鱼粉		
	肉用仔鸡、生长鸡配合饲料	≤0.03	
	产蛋鸡配合饲料		
	生长育肥猪配合饲料	≤0.4	
滴滴涕	米糠	≤0.02	
	小麦麸		
	大豆饼、粕		
	鱼粉		
	鸡配合饲料，猪配合饲料	≤0.2	

（三）控制饲料中农药残留的措施

1. 合理规范使用农药

对于饲料中农药残留问题来说，若想解决，必须从源头入手，也就是从农作物的种植入手。当我们使用农药的时候，要确定受用农作物的用药期，根据问题，施用药物，不可滥用；提前确定用药剂量、施药次数等问题，以防用药过量；注意用药间隔期，努力最大限度地降低农药残留量。

2. 研发出高效低残留的无公害农药

相关研发机构应该在保证绿色、生态、健康、环保的前提下，加大研发力度，改善药物的性质，争取早日研发出新型环保、残留量低的农药。

3. 加强饲料中农药残留限量的监测

饲料中农药残留监测将有力地促进饲料质量的提高。饲料质量监督检验单位、技术监督单位及其他相关部门应加强合作，充分认识到农药残留限量监测工作的重要性，加强立法与监督。

目前，《饲料卫生标准》中仅对有机氯类农药（包括六六六、滴滴涕）进行了限量规定，而对有机磷类、除虫菊酯类农药无限量规定。有关敌百虫、蝇毒磷、敌敌畏、甲胺磷、乐果在食品中的残留量及测定方法在国际标准及行业标准中已有颁布。

八、转基因饲料

（一）主要转基因饲料

目前，已进入大规模商业化生产，并已用作饲料原料的转基因作物种类有转基因大豆、转基因玉米和转基因油菜。

1. 转基因大豆

现在，国际市场上转基因大豆主要有两种：

（1）抗除草剂转基因大豆，主要是抗草甘膦和草甘二膦。

（2）抗虫转基因大豆，主要转自苏云金杆菌的抗虫基因。

目前应用面积较大的是抗草甘膦除草剂的转基因大豆，草甘膦是一种十分有效且低残留的非选择性广谱除草剂，但其除草时能杀死大豆本身而限制了其使用范围，因此，筛选抗草甘膦基因并转入植物之中一直是研究的热点。美国一家公司从土壤细菌中分离出抗草甘膦基因，再用生物工程法转入大豆，创造了抗草甘膦大豆。抗草甘膦转基因大豆针对草甘膦的作用机制，使植株对草甘膦不敏感，从而能够忍受正常剂量或更高剂量的草甘膦而不被杀死。

2. 转基因玉米

被批准商品化的转基因玉米主要有两类：转苏云金杆菌毒蛋白基因的抗虫玉米和几种抗除草剂的转基因玉米。

玉米螟是世界性的主要玉米害虫。20 世纪 90 年代以来，通过转基因途径将苏云金杆菌毒蛋白基因等外源基因导入玉米获得抗玉米螟的杂交种取得突破性进展。1990 年，美国首次报道获得正常结实的转苏云金杆菌玉米。1997 年，美国正式批准了几种转苏云金杆菌毒蛋白基因玉米杂交种上市。我国在 1997 年对外开放转基因试验，正式批准美国公司在中国进行中间试验和环境释放试验。

近年来转基因玉米种植面积不断扩大，到2012年全球转基因玉米种植面积已达$5.6\times10^{7}hm^{2}$，占转基因作物种植面积的80%。

除以上两类转基因玉米外，一些新的转基因玉米品种已经出现或正在研究，如低植酸玉米、高植酸玉米、高赖氨酸玉米、高蛋氨酸玉米、高苏氨酸玉米。此外，其他性状如抗旱耐盐、抗病毒、抗真菌以及基因工程雄性不育性转基因玉米的研制亦是玉米改良研究的重点。

3. 转基因油菜

油菜是重要的油料作物，2011年全球油菜种植面积为$3.1\times10^{7}hm^{2}$，转基因油菜种植面积为$8.2\times10^{6}hm^{2}$，占全球转基因作物种植面积的5.13%，相当于油菜种植面积的26%。

常用的转基因油菜品种有以下几种：

(1) 耐除草剂转基因油菜。主要包括耐草甘膦转基因油菜和耐草铵膦转基因油菜，目前均已进行商业化种植。

(2) 高油酸、低亚麻酸转基因油菜。1996年，美国先锋公司用化学诱变筛选获得脂肪酸去饱和酶突变体，获得具有高油酸性状的油菜突变体，育成具有高油酸、低亚麻酸性状的油菜品种45A37、46A40。利用45A37、46A40加工的菜籽油称为P6油菜籽油，其油酸含量与花生油和橄榄油相近。1996年，加拿大批准45A37、46A40用于食品。

(3) 高月桂酸和高豆蔻酸转基因油菜。美国卡尔金公司以卡那霉素抗性为筛选标记，将来自加州月桂的硫酯酶编码基因转入双低油菜，获得了高月桂酸和高豆蔻酸转基因油菜23-18-17和23-198。1994年，美国批准23-18-17和23-198的种植，并批准其作为食品和饲料。1996年，加拿大批准了23-18-17和23-198的种植，并批准其作为食品和饲料。

目前，已商业化生产的转基因油菜主要是几种转基因抗除草剂油菜，如美国孟山都公司的抗草甘膦油菜、德国艾格福公司的抗除草剂“Basra”油菜、美国先锋种子公司的“Smart”品种。

(二) 转基因饲料的安全性

随着全球转基因植物种植面积的扩大，转基因作物及其副产物如玉米、豆粕、菜籽粕、棉籽粕等用作饲料原料的比例越来越高。近15年来，动物消费的转基因作物占消费总量的70%～90%，转基因饲料已经成为家畜饲料来源的一部分。

关于转基因饲料的安全性目前无统一评价。转基因作物及其副产品作为饲料原料，安全评价主要包括其营养物质对畜禽的影响、毒性和致敏性检测等。美国的研究机构进行了20多项转基因饲料对畜禽影响的试验，迄今尚未发现转基因饲料对畜禽的生产性能、健康状况、肉、蛋、奶组分产生危害性影响。同时，在畜禽肌肉组织、奶和蛋中没有检出转基因蛋白质，也未检出转基因DNA。英国利兹大学的研究认为，加工工艺可能使某些外源转入的DNA发生碎裂，因此转基因饲料不具有遗传活性。

但一项由澳大利亚和美国的研究人员合作进行的新研究发现，由转基因饲料喂养的猪的胃炎发病率远高于传统饲料喂养的猪。研究人员针对美国一个商业养猪场里的168只刚断奶的猪仔进行了为期159天的研究。他们将一半的猪仔用转基因大豆和玉米喂养，另一半用同样分量的非转基因饲料喂养，发现喂转基因饲料的猪患上严重胃炎的概率为32%，显著高于对照组（12%）。

对于转基因饲料安全性问题来说，目前还没有进行太多的研究。一直以来转基因问题都没有完全解决，或者说是完全掌握，所以对待转基因饲料，我们同样要持有谨慎的态度。

第三节　影响饲料安全的因素及解决措施

一、产生饲料安全问题的原因

1. 动物生产效率低下

目前，我国的养殖业正由传统养殖模式向现代化养殖模式转变，饲料配制技术水平也不断提高。然而，养殖业对环境的负面影响越来越明显。由于理论和技术的局限，使得动物生产效率低下，不能充分利用营养物质，粪便中含有大量的氮、磷元素，造成环境的污染。据相关数据表明，若是一个养殖场有10万只鸡，那么该养殖场每天的粪便排放量大约为10t，一年大约为3600t。在粪便中含有大量的含氮物质，非常容易被腐败，又因为含有大量的致病细菌，极易污染空气、土壤、水体等。此外，一些饲料厂家或养殖户为了提高动物生产性能，往往在饲料中添加一些违禁药品或超量使用某些添加剂，从而影响饲料的安全性。

2. 科技发展水平滞后

目前，我国对饲料安全方面的研究还处于初级阶段，且主要集中于饲料卫生方面，初步研究和制定了饲料中有毒、有害物质的安全限量，并建立快速分析真菌毒素的国家标准方法，为我国饲料安全生产提供了一定科学依据和技术手段。但整体技术水平同国际水平有较大差距，近年来饲料配制技术虽然有了显著提高，但在我国的散养模式中推广受到限制，有待进一步普及和提高。我国对绿色环保型饲料添加剂如酶制剂、酸化剂、益生素、低聚糖有一定的研究，但其效果往往不及抗生素，还不能完全替代饲用抗生素，因此需要进一步大力研究和开发高效、环保的饲料添加剂。同时饲料安全方面的检查技术和手段还应进一步提高。

3. 养殖生产模式落后

目前，我国的养殖模式主要是农户散养，辅助模式是规模化养殖。相对规模化养殖来说，农户散养模式缺乏专业的知识，比如，畜禽疫病防治方面、科学使用饲料方面、对饲料的鉴别方面等。除此之外，在饲养环境上，农户散养也比不上规模化养殖模式，往往环境都比较差。不是说使用饲料量较少，就不会出现问题，饲料的不合理使用也会造成严重的安全问题，故不能说农户散养更好。而且，散养户太多的话也不好管理，对于某些安全隐患不好发现，若是出现传染性疾病等问题，会迅速地传染其他散养户，造成大范围的影响。

4. 饲料安全意识不强，安全管理体系不健全

近年来，我国饲料质量和安全状况虽然有了较大改善，但在实际工作中仍存在不少问题。一是饲料生产厂家和养殖户的饲料安全意识不强，一些厂家仍然在滥用违禁药物或不按规定使用药物添加剂，同时一些地方制售假冒伪劣产品的行为屡禁不止；二是饲料体系建设不完善，目前使用的饲料中仍有很大一部分没有完整的、科学的使用规范、用药标准等，这一点在很大程度上影响到对饲料安全的监督；三是对于药物的检测来说，现有的检测方法不具有很强的通用性或权威性，我国所使用的标准包括国际标准和国外某个国家的标准，相应的检测方法也不一样，各标准之间不存在可比性，故需要建立一套完整的、科学的国家标准或行业标准；四是检测部门现有的检测设备不能满足检测需求，需要投入更多的资金更换设备。

二、影响饲料安全的因素

（一）饲料本身的因素

目前，我国的养殖业发展越来越好，饲料加工业也在不断进步，为了适应它们的发展，我们需要继续努力研究新型饲料。但这不意味着我们就可以放松对饲料毒性的研究，相反，我们需要加紧对其毒性的研究。无论是植物性饲料还是动物性饲料，它们当中的许多饲料本身就是有毒害作用

的物质，比如，含有抗生素的植物性饲料、含有生物碱的植物性饲料、含有致病菌的动物性饲料等。若是不当使用了此类饲料，不仅会对动物健康造成影响，还会对人体健康产生危害。

（二）环境因素

1. 微生物及其毒素污染

(1) 霉菌与霉菌毒素。截至目前，全世界范围内已发现的可产生霉菌毒素的霉菌共有100多种，包括对人体有害的曲霉菌属、青霉菌属和镰刀菌属等在内。对于霉菌的控制来说，我们可以采用的方法有添加防腐剂、干燥等。但是对于霉菌毒素来说，一旦发现，很难除去。目前的确存在一些去除霉菌毒素的方法，但是这些方法不仅使用费用较高，而且操作工序非常复杂，所以大多数都没有投入到生产当中。

(2) 病原菌。沙门菌是病原菌的一种，也是人畜共患病中危害最大的一种。有许多饲料容易受到沙门菌的污染，包括鱼粉、肉骨粉、羽毛粉等。

2. 有毒有害化学物质

(1) 二噁英。以二噁英为代表的毒性极强的有毒化学物质对饲料的污染是大家关注的热点问题之一。1999年，在比利时发生的二噁英饲料污染事件再一次向全世界拉响了饲料安全性和食品安全性的警报，此事件对欧洲乃至世界各国的动物饲料的安全性防范提出了更高的要求。

(2) 农药污染。近些年来，饲料被农药污染的事情时常发生，比如有机磷污染，不时地影响动物健康，甚至影响人类健康。

(3) 工业“三废”的污染。工业“三废”能从多渠道渗透到饲料中，若长期饲用受工业“三废”污染的饲料，动物体内将富集大量的有害物质，并通过肉、蛋、奶等转移给人类，造成公害。

(4) 营养性矿物质添加剂带来的污染。各种矿物质之间可以相互协作，共同发挥作用；又可以相互制约，影响功效。两种矿物质含量比例不协调可能会导致畜禽出现发育不良的情况，严重时甚至会出现中毒等现象。比如，饲料中含有钙和磷，若是两者含量比例不平衡，会造成动物骨质疏松、所产蛋蛋壳质量下降等现象。

（三）人为因素

1. 不合理使用饲料添加剂

对动物采用集约化的养殖模式，动物的生长速度会显著提高。在动物的生长过程中，往往都会将矿物元素加到饲料中，以防动物出现微量元素缺乏的现象。但是某些矿物元素的价格比较贵，饲料生产商为了追求经济效益，通常会用过量的锌、铜等代替其他微量元素。比如，在养殖猪的过程中，满足猪正常生长需求的铜含量为4mg/kg，但是某些人认为猪皮肤发红、粪便发黑更好，为了达到这一目的，养殖者通常会在饲料中加入过量的铜，含量达到220～250mg/kg，有时甚至更高。大家都知道动物体内重金属含量过高的话，非常不容易排出，而且铜含量过高还会累积在肝脏中，影响食用健康。并不是说高含量的铜完全排出体外就对人类健康没有影响，排出之后会对环境、土壤、水体等产生污染，最终还是会影响人类健康。除了上述的弊端外，高含量的铜就需要高含量的其他微量元素来平衡，这样一来就使得成本大大增加，造成不必要的浪费。

2. 不按规定使用饲料药物添加剂

饲料药物添加剂是指为预防、治疗动物疾病而掺入载体或稀释剂的兽药预混物，常用的药物添加剂主要有抗生素和驱虫剂等。动物养殖过分依赖抗生素等药物，导致药物残留，引起耐药菌株扩散，对动物、人和生态环境造成严重危害，引起动物菌群失调，抑制动物的免疫力，继发二次感染。同时使用的大量药物通过食物链被人体吸收，有致癌、致畸形、致突变作用。目前在国内，磺胺类、四环类、青霉素、氯霉素等药物，在畜禽体内已大量产生耐药性，临床治疗效果越来越差，使用的剂量也越来越大。

3. 在饲料中添加违禁药品

常用的违禁药品包括激素类、类激素类和安眠镇定类。农业部于1998年发布了《关于严禁非法使用兽药的通知》，随后又陆续发布了一些禁用药品的通知，强调严禁在饲料产品中添加未经农业部批准使用的兽药品种，严禁非法使用兽药。2002年2月，农业部、卫生部、国家药品监督管理局联合发布了《禁止在饲料和动物饮用水中使用的药物品种目录》。2002年3月，农业部又发布了《食品动物禁用的兽药及其他化合物清单》。这些法规对饲料中的各种禁用药物作了明确规定。可是，少数商家和养殖者为了追求经济效益，置国家法律于不顾，仍然在饲料生产和养殖过程中使用违禁药物，给人体健康带来了严重后果。

4. 盲目使用微生物制剂

对于微生物制剂的使用来说，先进的国家有一套严格的标准，包括微生物制剂的筛选、使用方法等。关于微生物制剂的使用，我国曾经发布过一些公告，规定了可以使用的微生物添加剂的种类。但是一些不法商家盲目追求经济效益，枉顾国家规定，乱用、滥用微生物添加剂，造成了饲料污染。

三、解决饲料安全问题的措施

我国饲料安全工作的重点应当集中在以下几个方面：

1. 完善饲料法律、法规

目前，我国与饲料工业有关的法律法规有3类：一是法律类，包括《食品安全法》《农产品质量安全法》《畜牧法》等几部核心法规，一般通过主席令或国务院令发布，为饲料安全管理的基本法。二是条例及管理类，包括《饲料和饲料添加剂管理条例》《饲料和饲料添加剂生产许可管理办法》《新饲料和饲料添加剂管理条例》《进出口饲料和饲料添加剂检疫监督管理办法》等，由农业部发布，用以指导生产，规范经营行为，提供管理框架。三是行政许可及规范性文件，包括《单一饲料产品目录》《饲料添加剂安全使用规范》《饲料药物添加剂使用规范》《禁止在饲料和动物饮用水中使用的药物品种目录》等，以农业部公告的形式发布，用以指导具体生产行为。从法规构成来看，基本覆盖了饲料原料、生产、运输、销售、使用全部环节，对实际生产具有直接指导作用。

另外，结合法规在执行过程中出现的新问题、新情况，我国对已有的饲料法规也不断修订、完善，并颁布了一些新的法律法规。2012年6月20日，国家质量监督检验检疫总局和国家标准化管理委员会发布了新修订的《饲料原料目录》(农业部公告第1773号)，自2013年1月1日起实施。《饲料标签》(GB10648—2013)和《饲料卫生标准》自2014年7月1日起正式实施。《饲料质量安全管理规范》经2013年12月27日农业部第十一次常务会议审议通过，自2015年7月1日起施行。《环境保护法》经中华人民共和国第十二届全国人民代表大会常务委员会第八次会议于2014年4月24日修订通过，自2015年1月1日起施行。这些饲料法律法规的实施将更有效地保证饲料及饲料添加剂的安全生产，进而保障动物健康以及畜产品的安全。

2. 加强饲料安全监管工作

对于饲料安全来说，仅仅有完善的饲料法律法规还远远不够，更加重要的是加强对饲料安全的监管。目前，我国存在的监管现状是：各地区分块管理，地区与地区之间对已有信息不进行共享，没有明确地将部门的管理权限划分出来。但是目前的执法现状是：经常进行跨区域的综合执法。上述两种现状的冲突就导致监管效率低下、监管不及时等众多问题。

目前，需要做的是成立统一监管、具有最高监管权力的机关，协调各地区的监管部门的执法工作，共享各地区的饲料安全信息，等等。

3. 高效实用检测技术的开发与应用

技术一直都在进步，饲料造假技术也不例外。为了适应这种情况，就需要研制出更加先进的检测技术，来应对层出不穷的造假手段。但是目前具有先进检测技术的设备都有一个共同的特点，那就是价格昂贵，这个特点成了限制其普遍投入使用的弊端。目前，这类设备大多数都存在于农业研究院（所）、大型饲料生产企业等，那些中小企业大多数都是使用感官对饲料进行安全鉴定。这种情况非常不利于饲料的安全生产，故相关机构要加大研究力度，争取早日研究出既经济又有效的设备，提升检测手段。

4. 加强管理系统的推广

目前，国际上使用的饲料安全管理系统是 HACCP（危害分析与关键点控制），它是国际通用的饲料和食品生产加工安全管理体系。该体系具有很强的强制性，还有一定的预防性和事前性。通过该系统可以提前检测出不合格的产品，对于滥用违禁药物、农药残留等饲料安全来说，它可以有效地将其解决。

第二章 饲料原料品质判断与产品设计

本章我们对饲料原料品质判断与产品设计进行阐述，饲料原料品质的判断是从三方面出发的：一是能量类原料品质判断；二是蛋白质类原料品质判断；三是矿物质类原料品质判断。饲料产品设计主要分为五步：第一步是市场调查与产品定位；第二步是产品设计标准制定；第三步是饲料原料的选用；第四步是饲料配方的计算；第五步是饲料产品的检验与定型。

第一节 饲料原料品质判断

一、能量类原料品质判断

（一）玉米

1. 颜色与气味

玉米分为黄玉米、白玉米和混合玉米。黄玉米的种皮为黄色或略带红色的、籽粒不低于95%的玉米；白玉米的种皮为白色或略带淡黄色、略带粉红色的、籽粒不低于95%的玉米；混合玉米为不符合黄玉米与白玉米的玉米。应符合接收玉米颜色要求，无发酵、霉变、变质、结块、异味、异臭等。

2. 水分

水分多少是玉米安全储藏的关键，因玉米胚部较大、水分高易发霉变质，影响饲用价值，所以接收玉米必须达到本地区安全水分，以保证其安全储存。生产中常通过看脐部、牙齿咬、手指掐、大把握及外观来快速判断水分的含量，见表2-1。

表 2-1 玉米水分含量与感官特征

水分	看脐部	牙齿咬	手指掐	大把握	外观
14%～15%	明显凹陷，有皱纹	震牙，清脆声	费劲	有刺手感	—
16%～17%	明显凹陷	不震牙，有响声	稍费劲	—	—
18%～20%	稍凹陷	易碎，稍有声	不费劲	—	有光泽
21%～22%	不凹陷，平	极易碎	掐后自动合拢	—	较有光泽
23%～24%	稍凸起	—	—	—	强光泽
25%～30%	凸起明显	—	挤脐部出水	—	光泽特强
30%以上	玉米粒呈圆柱状	—	压胚乳出水	—	—

3. 容重测定

容重是一项重要的物理指标。容重值大通常籽粒饱满、密实，皮层所占总比例低，粗纤维含量低，品质好，加工费用低。重要的是要根据不同玉米的特点，筛选出具有较高营养价值的原料，为提高产品质量打下良好基础。

容重是指玉米籽粒在单位容积内的质量，以克/升（g/L）表示。当玉米水分≤18%时，按正常方法测定容重，每一样品测量两次，检测结果为整数，两次试验样品的允许差不得大于 3 g/L，取算术平均值为测定结果；如水分＞18%，需要在温度为（120℃～130℃）±5℃条件下，控制在30min 以内将水分干燥至 18%以下再进行测定。一般要求是：原始水分≤23.0%，干燥时间≤10 min；原始水分≤28.0%，干燥时间≤15min；原始水分≤33.0%，干燥时间≤20min；原始水分＞33%，干燥时间≤30min。

（二）小麦

1. 颜色和气味

小麦可以分为 5 种，分别是硬质白小麦，种皮为白色或黄白色，硬度在 60 以上；软质白小麦，种皮与硬质白小麦一样，但是硬度在 45 以下；硬质红小麦，种皮为深化红色或红褐色，硬度在 60 以上；软质红小麦，种皮与硬质红小麦一样，硬度在 45 以下；混合小麦指的是不符合上述 4 种小麦条件的小麦。应符合接收小麦颜色要求，色泽要鲜艳，无发酵、霉变、变质、结块、异味、异臭等。

2. 水分

水分要达到本地区的安全水分，以保证安全储存与使用。

3. 小麦不完善粒与杂质

小麦不完善粒与杂质具有完全不同的意义，不完善粒是指病斑粒、破损粒、虫蚀粒等受到损伤但还可饲用的小麦颗粒；杂质包括筛下物、有机杂质和无机杂质，它们本质上不是小麦。

病斑粒是指黑胚粒和赤霉病粒等颗粒表面带有病斑，胚或胚乳有伤的小麦颗粒。顾名思义，虫蚀粒是指被虫子啮噬过的小麦颗粒，它们的胚或胚乳被损坏。破损粒同样是指胚或胚乳受到伤害的小麦颗粒，具体的破损行为包括压扁、破碎等。由于直径过大，某些物质不能通过圆孔筛，这些物质就被称为筛下物，它们的直径大于15mm。无机杂质是一些无机类物质，包括煤渣、泥土、石头等。有机杂质是一些没有使用价值的有机物质，包括变质小麦、异种粮粒等。

4. 小麦容重

小麦容重是指小麦籽粒在单位容积内的质量，以克/升（g/L）表示。容重测定可按照GB/T 5498执行。

5. 小麦粗蛋白质含量

小麦粗蛋白质含量因品种不同而有较大差异，注意检测。

各类小麦质量要求见表2-2，其中容重为定等级指标，三级为中等。

表2-2　各类小麦质量要求

等级	容重（g/L）	不完善粒（%）	杂质（%）		水分（%）	色泽气味
			总量	其中矿物质		
一级	≥790	≤6.0	≤1.0	≤0.5	≤12.5	正常
二级	≥770	≤6.0				
三级	≥750	≤8.0				
四级	≥730	≤8.0				
五级	≥710	≤10.0				
等外	<710	—				

（三）小麦麸与次粉

（1）外观检查。小麦麸为小麦制粉过程中粗磨阶段分离的产品，包括小麦的种皮、珠心层、糊粉层等。颜色为淡褐色至红褐色，依小麦品种、等级、品质而有差异。具有特有的甜香味，为粗细不等的碎屑状。次粉为小麦制粉过程中粗磨阶段所得的细麸与细磨阶段所得的粉头及少量面粉等的混合物。呈淡白色至淡褐色，受小麦品种、处理方法及其他因素的影响，具有香甜味及面粉味，为粉末状。

接收的小麦麸与次粉色泽应新鲜一致，无发酵、发霉、异味、异臭，无结块、发热现象，无生虫等。

（2）小麦麸为片状，通气性差，不宜长期保管，水分超过14%，高温高湿时易变质、生虫。接收时，注意将水分控制在13%以下，以保证其储存及使用安全。同时，关注其是否有酸败、发酵或其他异味，已结块的麦麸要看是否已变质。

（3）次粉是介于麦麸与面粉之间的产品，必须加以区分，不应把细麦麸与次粉相混淆，次粉含面粉多，颜色发白，而麦麸含麸皮多，颜色深，粒度粗。

（4）小麦麸与次粉粗蛋白质含量因小麦品种不同而有较大的差异，需要每批次都进行检测。

（5）受加工工艺的影响，小麦麸与次粉的灰分及粗纤维变异大。灰分与粗纤维含量是影响小麦麸与次粉可利用能值高低的主要因素，应注意检测。

（6）因市场需求量大，可能有掺假现象。一般掺假的原料有石粉、贝粉、花生皮、稻糠、沙土等低价原料，注意识别。

饲用小麦麸（或次粉）国家标准见表2-3。

表2-3　饲用小麦麸（或次粉）国家标准

种类	一级	二级	三级
粗蛋白质	≥15.0	≥13.0	≥11.0
粗纤维	<9.0	<10.0	<11.0
粗灰分	<9.0	<6.0	<6.0

（四）乳清粉与乳清浓缩蛋白

乳清粉是乳凝固后产生的液态产物（乳清）经低温浓缩和干燥后获得的产品，根据蛋白质含量分为低、中、高蛋白乳清粉。脱盐乳清粉是以制造干酪或干酪素所得副产品为原料，经脱盐、浓缩、喷雾、干燥制得的粉末状产品。乳清浓缩蛋白粉是用超过滤机脱水或其他处理以去除乳清中的水分、乳糖及（或）矿物质后的产品。

（1）在感官检验室（或不存在影响感官检验因素的实验室）内，取适量样品于白色浅盘中检验样品的感官。正常的乳清粉为均匀一致的淡黄色，可能因人为添加色素而呈红色，也可能因干燥温度过高或在高温高湿条件下储存太久而带褐色；呈粉末状或细粒状，滚筒干燥者较粗，喷雾干燥者较细，酪蛋白乳清粉为细粒状，扬尘性高；具有新鲜乳清固有的滋味和气味；无酸味、异味等不良滋味和气味；无结块。

(2) 乳清粉在水中悬浮性越好，品质越好。取34g样品放入500mL烧杯中，用65℃250mL的温水冲调，良好的乳清粉应不产生絮状沉淀。

(3) 乳清粉CP一般在12%左右，若加工乳清粉的原料品质好，非蛋白氮含量不应超过CP总量的25%。一些乳清粉产品可能将部分乳清蛋白分离、浓缩、干燥制成乳清浓缩蛋白而使CP含量仅有2%～8%，应注意辨别。

(4) 一般乳清粉的灰分为7.5%～9.0%，10%水溶液pH值5.8～6.5。乳清若未及时干燥处理，产酸中和的乳清，增加灰分的含量并降低适口性，经中和处理者，约11%，此类产品容易引起下痢。脱盐乳清粉的灰分只有3%～5%，应注意检测判断。

(5) 乳清粉粗纤维含量应为0。如果存在粗纤维，可能掺有植物性原料。

(6) 有些乳清粉吸湿性很强，不利储存，且在配合饲料中易形成颗粒，影响混合均匀度。若经脱盐处理而降低潮解性的产品，则无此顾虑。

（五）糖蜜

(1) 颜色、气味要正常，不可有焦煳味。甘蔗糖蜜为暗褐色液体，略带甜味及糖香；甜菜糖蜜为暗褐色液体，带硫黄或焦糖味，尝之味道不佳；柑橘糖蜜为黄色、褐色液体，带顺鼻的柑橘味，尝之略苦；淀粉糖蜜为深褐色液体，略带焦糖味。

(2) 黏度要正常，太黏、太稀均影响用量的准确性。

(3) 接受时，应以含水量和含糖量作为标准，至于灰分及含胶物则越低越好。

二、蛋白质类原料品质判断

（一）饲用大豆

(1) 颜色与气味。接受的大豆需籽粒饱满、整齐，色泽新鲜一致，无发酵、霉变、结团及异味、异臭等。等级符合标准，否则不予接受。

(2) 水分。水分要达到本地区的安全水分，以保证安全储存与使用。

测定按照 GB/T 5497 执行。大豆水分的快速感官检验如下：

检验大豆水分时，主要应用齿碎法，并且根据不同季节而定；水分相同，由于季节不同，齿碎的感觉也不同。

冬季：水分在 12%时，齿碎后可呈 4～5 瓣；水分在 12%～13%时，虽能破碎，但不能呈多瓣；水分在 14%～15%时，齿碎后豆粒不破碎，而呈扁状，豆粒四周裂成许多口，牙齿的痕迹会留在豆粒上，豆粒被牙齿咬过的部分出现透明现象。

夏季：水分在 12%以下时，豆粒能齿碎和发出响声；水分在 12%以上时，齿碎时不易破碎，豆粒发艮，没有响声。

(3) 准确把握饲用大豆不完善粒与杂质含义。不完善粒指受到损伤但尚有饲用价值的大豆粒，包括未熟粒、虫蚀粒、病斑粒、生芽、涨大粒、生霉粒、冻伤粒、热损伤粒、破损粒。未熟粒指未成熟籽粒不饱满，瘪缩达粒面二分之一以上或子叶绿色达二分之一以上（绿仁大豆除外），与正常粒显著不同的大豆粒；虫蚀粒指被虫蛀蚀，伤及子叶的大豆粒；病斑粒指粒面带有病斑，伤及子叶的大豆粒；生芽与涨大粒指芽或幼根突破种皮或吸湿涨大未复原的大豆粒；生霉粒指粒面或子叶生霉的大豆粒；冻伤粒指籽粒透明或子叶僵硬呈暗绿色的大豆粒；热损伤粒指因受热而引起子叶变色和损伤的大豆粒；破损粒指子叶破损达本籽粒体积四分之一以上的大豆粒。

杂质指能通过直径 3.0mm 圆孔筛的物质，尚包括无饲用价值的大豆粒及大豆以外的其他物质。

(4) 大豆粗蛋白质含量因产地、品种而有差异，注意检测。

（二）饲用大豆粕

(1) 色泽与气味。接受的豆粕应呈浅黄褐色或淡黄色，色泽新鲜一致，具有烤黄豆的香味，不得变为深褐色，无发霉、结块、异味、异臭等。要控制好适合本地区安全储存的水分。

(2) 豆粕不应焦化或呈深褐色或有生豆味，否则为加热过度或烘烤不足。加热过度导致赖氨酸、胱氨酸、蛋氨酸及其他必需氨基酸的变性反应而失去利用性。烘烤不足，不足以破坏生长抑制因子，蛋白质利用性差，必须正确鉴定之，可用感官方法（根据颜色深浅）鉴别，也可用测定尿素酶法和氢氧化钾蛋白质溶解度法进行鉴别。氢氧化钾蛋白质溶解度是指大豆粕样品在规定的条件下，可溶于 0.2%氢氧化钾溶液中的粗蛋白质含量占样品中总的粗蛋白质含量的百分数。

(3) 豆粕多数为碎片状，但粒度大小不一，豆粕皮大小不一，可依据豆粕皮所占比例大致判断其品质好坏。

(4) 大豆在储存期间，如因保存不当而发热，甚至烧焦者，所制得豆粕颜色较深，利用率也差，甚至生霉，产生毒素。接受时须认真检查。

(三) 饲用棉籽粕

(1) 因棉籽饼（粕）一般为黄褐色、暗褐色至黑色，有坚果味，略带棉籽油味道，但溶剂提油者无类似坚果的味道。通常为粉状或碎块状（棉籽饼)。棉籽饼（粕）应新鲜一致，无发酵、腐败及异味，也不可有过热的焦味，否则影响蛋白质品质，必须认真用感官鉴别。若有条件，可做蛋白质溶解度试验，以确保是否接受。同时确定本地区安全水分，以保证储存及使用安全。

(2) 棉籽饼（粕）通常淡色者品质较佳，储存太久或加热过度均会加深色泽，注意进行鉴别。

(3) 棉籽饼（粕）含有棉纤维及棉籽壳，它们所占比例的大小，直接影响其质量，所占比例大，营养价值相应降低，感官可大致估测。

(4) 过热的棉籽饼（粕)，造成赖氨酸、胱氨酸、蛋氨酸及其他必需氨基酸的破坏，利用率很差，注意感官鉴别。

(5) 棉籽饼（粕）感染黄曲霉毒素的可能性高，应留意之，必要时可做黄曲霉毒素的检验。

(6) 棉籽饼（粕）中含有棉酚，棉酚含量是品质判断的主要指标，含量过高，则利用程度受到很大限制。生产过程中需要脱毒处理。测定脱毒处理后残留的游离棉酚是否低于国家饲料卫生指标，以保证产品的安全性。

(7) 掺杂物。主要检测是否掺有沙子等，可取少部分碎棉籽粕放于烧杯中，如杯底有沉淀物且不溶解，则掺有沙子或其他矿物质。

(四) 饲用菜籽饼（粕）

(1) 菜籽饼（粕）颜色因品种而异，有黑褐色、黑红色或黄褐色，呈小碎片状。种皮较薄，有些品种外表光滑，也有网状结构，种皮与种仁是相互分离的。

菜籽饼（粕）有菜籽的特殊气味，但不应有酸味及其他气味，也不能发霉、结块，外观要新鲜。同时，确定本地区的安全水分，以确保储存及使用安全。

(2) 种皮的多少决定其质量的好坏，根据种皮的大小大致估测其结果。

(3) 菜籽饼（粕）在生产过程中不能温度过高，否则，导致有焦煳味，影响蛋白质品质，使蛋白质溶解度降低。对这种产品除感官进行鉴别外，还可做蛋白质溶解度试验，以确定是否可以使用。

(4) 菜籽饼（粕）含有配糖类硫苷葡萄糖苷（芥子苷），在芥子水解酶的作用下，产生挥发性芥子油，含有异硫氰酸丙烯酯和恶唑烷硫酮等毒物，引起菜籽饼（粕）的辣味而影响饲料的适口性，且具有强烈的刺激黏膜的作用。因此，长期饲喂菜籽饼（粕）可能造成消化道黏膜损害。引起下痢，必须对异硫氰酸丙烯酯进行检验。

（五）花生饼（粕）

(1) 花生饼（粕）为淡褐色或深褐色，压榨饼色深，萃取粕色浅；压榨饼呈烤过的花生香，而萃取粕为淡淡的花生香。形状为块状或粉状，花生饼（粕）含有少量的壳。注意气味的检查，花生饼（粕）有特殊的香味，不应有酸味及哈喇味。色泽新鲜一致，无霉变等：同时确定本地区接受的安全水分，以保证储存及使用安全。

(2) 生产过程中，花生壳的混入量对成分影响很大，可依据花生壳的多少大致鉴别品质的好坏。

(3) 花生饼（粕）不可焦煳，否则降低赖氨酸等必需氨基酸的利用率，必须感官鉴别。

(4) 花生饼（粕）易感染霉菌，产生黄曲霉毒素，接受及保管和使用过程中，必须非常小心，高温、高湿季节不应久储。特殊情况必须做黄曲霉毒素的检验。

（六）玉米蛋白粉

(1) 玉米蛋白粉为湿法制玉米淀粉或玉米糖浆时，原料玉米除去淀粉、胚芽及玉米外皮后剩下的产品，其外观呈淡黄色、金黄色或橘黄色，带有烤玉米的味道，并具有玉米发酵的特殊气味，多数为颗粒状，少数为粉状，具有发酵的气味。色泽要新鲜一致，有正常气味，无臭味等异味，无发霉变质、结块等。确定符合本地区的安全水分，保证其安全储存及使用。

(2) 含玉米皮者，粗蛋白质一般都低于50%；脱皮的玉米蛋白粉的粗蛋白含量基本在60%以上。可根据玉米皮的多少鉴别其质量高低。

(3) 玉米蛋白粉是一种非常重要的饲料原料，主要被应用于鸡饲料中。玉米蛋白粉中的氨基酸含量非常高，而且种类丰富，它还含有大量叶黄素——一种很重要的天然色素。目前大多数的饲料厂不具备检测氨基酸含量和叶黄素含量的条件，通常情况下，这些饲料厂商判断饲料质量好坏的标准有三个：一是外观；二是水分；三是粗蛋白质。这些检测的局限性，或者说是漏洞，成为了制造者制造假玉米蛋白粉的借口。一般情况，假的玉米蛋白粉是由少量的真玉米蛋白粉、玉米粉、小米粉、色素及蛋白精组成的。

（七）鱼粉

（1）鱼粉应有新鲜的外观，不可有酸败、氨臭等腐败味。可凭视觉、嗅觉、触觉等了解鱼粉是否正常，从而准确判断其品质。水分要达到本地区的安全水分，便于安全储存及使用。

（2）因为鱼粉的售价比较高，尤其是进口鱼粉，价格相当高。所以，这种情况在一定程度上促进了造假情况的发生。因此，在选购鱼粉的时候，对鱼粉进行检验是必不可少的。一般情况下，鱼粉中掺杂的物质有羽毛粉、血粉、尿素、肉骨粉等。这些物质的作用大多数都是提高蛋白质的含量，它们的通性是廉价且不易吸收。

（3）焦化气味。若是进口的鱼粉，需要经过长时间的运输，大多数都是使用海上运输的方法，鱼粉会在船舱中放置很久，鱼粉中含有大量的磷，极易自燃，会引起高温或者冒烟现象，就导致鱼粉呈现烧焦的状态。除此之外，在对鱼粉进行加工的时候，大多数都是高温环境，也会出现烧焦的味道。当鸡食用带有煳味的鱼粉之后，会出现消化不良、滞食等症状。因此，在检验鱼粉的时候，需要注意这一点，若是有煳味，可以拒收。

（4）鱼粉的新鲜度。鱼粉的质量受到多种因素的影响，包括原料的选择、运输过程中发生蛋白质水解、脂肪氧化酸败等。若是鱼粉质量不好，会在很大程度上影响鱼粉的饲用效果。对于鱼粉新鲜度的鉴别，常从气味、颜色、黏性等方面入手。鲜度比较好的鱼粉是棕褐色或灰白色的，而且颜色均匀。鱼粉若是带有正常的鱼腥味，那么鱼粉的鲜度较好；若是出现哈喇味、腐臭味或其他异味，则鱼粉鲜度较差。正常的鱼粉不应有酸味、氨味等异味，颜色不应有陈旧感。新鲜鱼肉的肌纤维富有黏着性，黏性上佳的鱼粉较新鲜。其判断方法为：以75%鱼粉加25%α-淀粉混合，加1.2～1.3倍水炼制，然后用手拉其黏弹性即可判断。需指出的是，这种判断方法简单易行，但缺乏客观性。有条件的话，可通过测定挥发性盐基氮（VBN）、三甲胺（TMA）、组胺和酸值及过氧化物值判断其新鲜度。

（八）水解羽毛粉

（1）有正常的羽毛粉气味，不应有腐败、恶臭、霉味等异味。

（2）影响羽毛粉品质的因素之一是水解程度。若是对羽毛粉进行过度的水解，那么会破坏氨基酸，降低蛋白质的含量；若是水解程度不够，那么就会产生双硫键破坏不完全的现象，导致蛋白质的质量不佳。对于水解程度的判断，可使用容积相对密度。羽毛粉比较轻，处理后容重加大，正常容重为0.45～0.54kg/L，可据此鉴别。另外，在生物显微镜下观察，蛋白质加工水解程度较好的羽毛粉为半透明颗粒状，颜色以黄色为主，夹有灰色、褐色或黑色颗粒。未完全水解的羽毛粉，羽干、羽枝和羽根明显可见。

（3）产品颜色变化大，深色者如果不是制造过程中烧焦所致，在营养价值上无差别。

（4）用放大镜或显微镜检查水解羽毛粉，如见条状、枝状或曲状物时，可能是水解不够所致，须认真鉴别。

（九）饲用肉粉及肉骨粉

肉骨粉乃哺乳动物废弃组织经干式熬油后的干燥产品。肉骨粉与肉粉之间的区别是含磷量，肉骨粉的磷含量＞4.4％，肉粉的磷含量＜4.4％。对于肉骨粉的质量来说，主要关注点是原料，要注意原料有没有掺假、原料是否新鲜、主要成分达标与否。有些生产厂商在原料中添加大量的羽毛粉、皮革粉以及各种含有氮元素的非蛋白质物质。这样一来，既可以增加氮含量，又可以缩减成本。建议检验肉骨粉和肉粉的时候，检验项目包括镜检、粗蛋白、氨基酸、挥发性盐基氮。

（1）一般情况下，肉粉和肉骨粉为金黄色至淡褐色的油状物质。但是，当肉粉或肉骨粉中的脂肪含量过高的时候，对其加热会使得其颜色加深。肉粉和肉骨粉有一股新鲜的肉味，偶尔还伴随着烤肉味或猪油味。

肉粉、肉骨粉颜色、气味及成分均匀一致，不可含有过多的毛发、蹄、角及血液等（肉骨粉可包括毛发、蹄、角、骨、血粉、皮、胃的内容物及家禽的废弃物或血管等，检验时除可用含磷量区别外，还可从毛、蹄、角及骨等区别）。

（2）肉骨粉与肉粉所含的脂肪高，易变质，必须重点嗅其气味，是否有腐臭味等异味，最好通过测定酸值、过氧化物值及挥发性盐基氮测定判断新鲜度。酸价测定按照GB/T 19164—2003中附录B执行；挥发性盐基氮测定按照GB/T 5009.44执行。

（3）肉骨粉掺假的情形相当普遍，最常见的是掺水解羽毛粉、血粉等。较恶劣者则添加生羽毛、贝壳粉、蹄、角及皮革粉等。因此要做掺假检查，方法同鱼粉掺入水解羽毛粉、血粉、贝壳粉、皮革粉等检验。最好测定胃蛋白酶消化率。胃蛋白酶消化率测定按照GB/T 17811执行。

（4）正常产品的钙含量应为磷含量的2倍左右，比例异常者即有掺假的可能。

(5) 灰分含量应为磷含量的6.5倍以下，否则即有掺假之嫌。肉骨粉的钙、磷含量可用下法估计：

磷量（%）＝0.165×灰分含量百分数

钙量（%）＝0.348×灰分含量百分数

(6) 若使用的原料是腐败物质，那么生产出来的产品肯定质量不佳，严重者还会有中毒的可能。

(7) 肉骨粉及肉粉是变异相当大的饲料，原料成分与利用率好坏之间相差相当高，接收时，必须慎重，综合判断，以确保质量。

三、矿物质类原料品质判断

（一）饲料级磷酸氢钙

磷酸氢钙是一种重要的矿物质饲料原料，广泛应用于畜禽饲料中，市场上产品掺假一般多为石粉、滑石粉等矿物质原料，须注意判断。

1. 手摩擦法

顾名思义，就是用手捻着样品，对其进行用力地摩擦，以此来辨别样品的粗细程度。正常状态下的磷酸氢钙摩擦的手感是很柔软的，颗粒比较细，呈现粉末状，并且很均匀，颜色多为白色或灰白色。

2. 硝酸银法

称取0.1g试样溶于10mL水中，加17g/L硝酸银溶液1mL，生成黄色沉淀，此沉淀溶于过量的（1＋1）氨水溶液，不溶于冰乙酸，则为磷酸氢钙。注意，这种方法不是很可靠，在假冒产品中加入少量硫酸铵，加硝酸银后同样显示黄色沉淀。

3. 盐酸溶解法

取1～5g样品，加入10～20mL的1∶1盐酸溶液，加热使其溶解。正常状态下的样品会全部溶解，不会发泡，样品为深黄色，溶液透明、清晰，有少许的沉淀物。

4. 容重法

将样品放入1000mL量筒中，直至正好达到1000mL为止，用药勺调整容积，不可用药勺向下压样品，随后将样品从量筒中倒出称重，每一样品反复测量3次，取其平均值作为容重。一般磷酸氢钙容重为905～930g/L，如超出此范围，可判断其有问题。

5. 磷含量

不仅要测定总磷含量，最好同时测定枸溶性磷或水溶性磷含量。因为测定总磷时对样品的溶解处理采用1∶1盐酸，如此高浓度的盐酸，不仅可利用磷被溶解，动物不能吸收的磷也可以被溶解，无法确定其可利用磷成分。

6. 注意氟含量不能超标

（二）饲料级磷酸二氢钙

磷酸二氢钙又名磷酸一钙，是水生动物配合饲料常用的矿物质原料，价格比磷酸氢钙高。

（1）. 感官检查。一般呈灰色或其他色彩的粉末，混有细颗粒。

（2）. 水溶性检查磷酸二氢钙易溶于水，这是与磷酸氢钙明显不同的物理特性。据此，可与磷酸氢钙区分。另外，磷酸二氢钙稍微吸湿就会结块。在接受时，应特别注意。

（3）. pH值检查。称取0.24g±0.01 g试样，置于150mL烧杯中，加100mL水溶解。用校正好的酸度计对试验溶液进行测定。pH值（2.4g/L）≥3。

（4）. 本品不可进行灰化，否则将形成焦磷酸钙，无法进行钙磷含量的测定。

（三）石粉

石粉呈白色、浅灰色直至灰白色，无味，无吸湿性，表面有光泽，呈半透明的颗粒状。

（1）石粉价格便宜，无掺假情况，主要检验粒度是否符合标准要求，钙含量是否符合接受标准。

（2）镁含量应在2%以下，某些石粉含砷量很高，应避免使用。

（四）食盐

（1）颜色、气味要正常，无板结（食盐易吸潮，相对湿度75%以上开始潮解）。本品正常为白色细粒状，有光泽，呈透明或半透明状，无气味，口尝有咸味。

（2）食盐易溶于水，加水溶解后，可检查有无杂质，确定品质好坏。

（3）加碘食盐颜色比无碘盐要黄，感官发黏。

（4）食盐掺假时有发生，其掺假物有滑石粉、石膏粉或硝酸盐等，注意进行掺假检查。

（五）碳酸氢钠

（1）颜色、气味、密度要正常，无板结。本品正常为白色结晶性粉末，略具潮解性。密度为0.74～1kg/L，易溶于水，不溶于酒精。

（2）将1g碳酸氢钠溶于20mL水中，应清澈透明。

（3）取少量碳酸氢钠逐渐加热，优良制品应无氨味出现。

第二节　饲料产品设计技术

一、市场调查与产品定位

产品设计的起点是市场调查。在设计产品的时候，要以目标市场的具体需求为导向，有针对性地设计生产。这样才可以得到想要的销售效果。因此，在设计配方之前，需要掌握的信息有四点，分别为：

（1）了解当地的畜禽品种、数量、发展方向、养殖方式、养殖水平及饲料需求量等养殖状况。

（2）当地养殖用户的饲养习惯、思想观念和经济能力。

（3）当地原料品种、来源及质量等情况。

（4）同类竞争产品情况，包括产品内、外在品质，营养指标，价格，销售量，促销手段，应用效果，效益情况等。

在充分了解了以上信息之后，对信息进行汇总分析，寻找市场突破口，最终制定产品相关的销售策略、价格等。对推出的每一种产品都要有明确的定位，该产品是属于高档料、中档料还是低档料，是在设计配方之前必须要认真思考和对待的问题。

二、产品设计标准制定

主要根据不同畜禽、不同生理阶段、不同生产目的及不同生产水平，来确定要计算哪些营养指标及其要求量（或限制量）。有的指标有上、下限约束，有的要限制上限，有的要限定下限。每种营养指标值确定的根据：一是参照NRC或者国家颁布的营养标准，或者一些商业的公司标准（如安迪苏等）；二是本地、本场长期生产经验数据。国内的一些饲料生产企业从市场和经济的角度出发，在参考NRC标准和我国营养标准的基础上，都制定了自己企业的营养标准。各企业间的营养标准有一定的差异，一般分为以下几类：其一为发挥动物最佳生产性能的营养标准，这类标准建立在动物试验的基础上；其二为经济效益最佳的营养标准，这类标准的营养水平低于第一类标准，因为营养水平较低，配方中可以使用一些营养价值相对较低的非常规饲料原料；其三为市场导向的营养标准，饲料生产企业为了迎合某些市场客户的特殊要求，在满足某一特定生产性能的条件下，为生产价格低廉的产品而确立的标准。营养标准的选择不是简单地从标准中选择一组数字，而是要根据公司的市场定位和经营策略确定，根据不同的目标客户设计出不同档次的产品，并且要根据市场要求不断调整。

三、饲料原料的选用

主要根据饲料原料的来源、价格、适口性、消化性、营养特点、毒性、动物种类、生理阶段、生产目的和生产水平等来选择。选择和使用原料时，要注意原料的用量限制、原料的易采购性和耐存放原则。如果是做全价料，应充分利用本地资源及加工副产品，进行合理搭配，以此来降低成本。原料是饲料的基础，也是饲料的核心，原料质量的好坏直接关系到产品质量，所以控制好原料质量，表现出来的就是市场投诉减少，产品性能稳定。含有抗营养因子或毒素高的原料，一定要有严格的限量，如美国DDGS，在妊娠母猪日粮中建议添加20%左右，甚至更高；但国产的DDGS含有高剂量的毒素，不适合在母猪料中使用，在中大猪饲料中也不能添加太多，只有充分考虑每种原料的特性才能发挥全部饲料的最佳经济效果。

配方技术高低的一个重要评价指标就是对非常规饲料原料的合理使用。与常规饲料原料相比，大多数非常规饲料原料的营养成分变异很大，质量不稳定，没有较为可靠的营养参数，还有抗营养因子或毒素等多方面因素的影响，增加了饲料配方设计的难度。但在配方中合理使用非常规饲料原料，可带来明显的经济价值。选择非常规原料的时候，一定要注意原料的用量限制，不能一味地为降低成本而大量使用非常规原料，同时还要考虑养殖户的感官感受问题。一些养殖户对产品的色、香、味有一定的要求，当原料使用不当时就会导致市场丢失，所以新原料的使用一定要慎重。

四、配方计算

计算饲料配方的方法有交叉法、代数法、试差法等。现在由于电脑的普及，饲料配方大部分都是由配方设计人员通过电脑设计，一般不需要自己计算。但如果不对一些原料限制上限的话，系统第一次线性规划优化计算会得到一个很不实际的方案，这个方案完全满足所有的营养指标要求，成本最低，但某一种便宜原料用量大得超乎常规。配方师需要根据原料使用经验，进行多次优化计算。到最后，会出现一个可以达到全部营养要求的符合各种原料限量的最低成本方案。

五、产品的检验与定型

产品设计结束后，小批量试生产一部分产品投放市场，根据市场反应，作 3～5 次调整，让产品适合主要客户群的需求并保持产品的稳定，才算产品设计完成。产品能满足市场上 80％的用户的需求就是一个好的产品，作为企业的配方师，不能随意根据客户的投诉来调整配方，但配方也不是一成不变的，要根据不同季节或者在原料价格波动较大时，适当调整配方。

总之，配方的制作较为复杂，需考虑很多因素。只要我们充分了解市场，掌握最新科研成果，认真对待配方设计，并根据当地市场的反馈不断丰富自己的知识，在实践中多作尝试和总结，就能在竞争中保证质量的同时又赢得市场，并取得良好的经济效益。

第三章　微生物饲料安全管理

传统方法通过对成品进行食源性致病菌和生物毒素的检测来判定所生产的食品是否安全。但这种追溯式的检测方法并不能真正确保食品的安全。事实上没有一个实际的抽样方案能够确保食品中无目标微生物，也没有一个抽样方案能够确切地说未抽样食品中目标微生物的浓度高于限量。因此，这种成品检测方式对于评估食品和饲料安全具有一定的局限性和滞后性。

饲料微生物安全的保证主要包括：源头控制、产品设计和过程控制、全过程良好卫生操作规范以及将以上方法与危害分析和关键控制点体系的应用相结合等途径。这样的预防体系贯穿整个产品链，即从农田或其他饲料原料生产地一直到养殖甚至餐桌。为此，需要一套完整的食品安全管理手段：良好操作规范、良好卫生规范、危害分析与关键控制点、微生物风险评估、全面质量管理等。

第一节　微生物风险分析和评估的步骤

一、微生物风险分析

微生物风险分析是政府机构的一种管理工具，通过定义适当的保护水平和建立有效的指导方法确保安全食品的供应，是一种用于了解并且在必要时减少风险的成熟的、结构化和程式化的方法，获得的信息对确定自然危害的程度及其预防、消除或减少到可接受的水平是必要的。

（一）风险分析的定义

风险分析包括三个部分（图 3－1）：风险评估、风险管理和风险交流。国际食品法典委员会在《食品法典程序手册》中对风险分析的一系列定义如下：

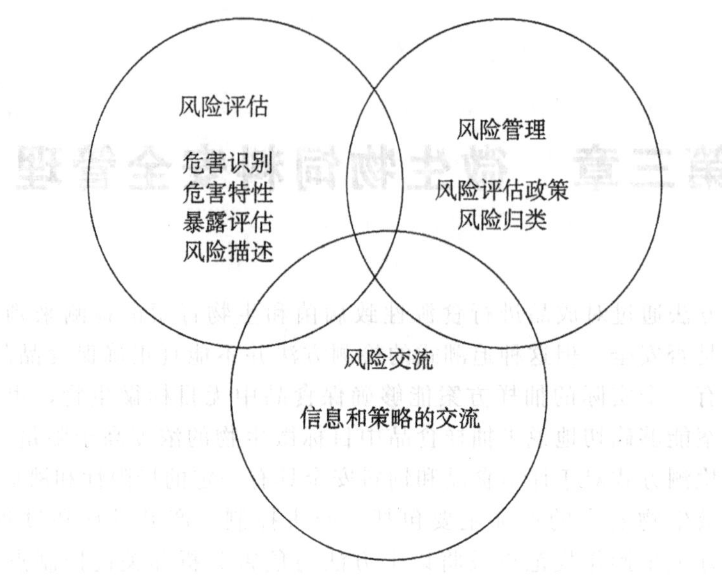

图 3-1 微生物风险分析的一般框架

(1) 风险评估。风险评估是对某种可能性发生的科学评估，具体是指食源性危害对人体健康影响的评估。风险评估包括定量风险评估和风险的定性表示，除了这两点外，还包括将不确定性的存在指出来。风险评估的完成由危害识别、危害特性、暴露评估和风险描述四个步骤组成。

(2) 风险管理。风险管理是一种科学管理，它的制定依据的是风险评估的结果，根据结果来选择适宜的控制点，制定相应的政策。对于消费者健康和促进国际食品贸易安全的预防和控制措施来说，风险管理是一种非常必要的手段。

(3) 风险交流。风险交流的群体包括风险评估者、管理者、消费者及相关团体，交流的内容是与风险问题相关的信息和观点。

(二) 微生物风险评估的分类

对微生物风险评估的方法包括三种，风险评估者可以根据不同的需求和对资料的掌握程度来选择具体的方法，它们分别是定性风险评估、半定量风险评估和定量风险评估。

1. 定性风险评估

在上述的三种风险评估方法中，最简单、最直接的方法是定性风险评估。定性风险评估包括低风险、中风险、高风险等类别，划分依据是风险的大小，通过类别可以衡量该风险对人类影响的大小。但是定性风险评估方法具有很强的主观性，这使得其使用价值大大降低。

2. 半定量风险评估

半定量风险评估的结果表达是带有数据的，它完成的基础是定性风险评估的表达和定量风险评估的数据。估计风险的可能性和潜在后果的大小是半定量风险评估的原则，首先将所要评估的风险进行分类，然后对其进行严谨的评分。半定量风险评估是通过评分机制将评估结果表述出来。对风险进行评估的时候，经常出现资料残缺的情况，此时使用半定量风险评估方法进行评估是非常有必要的。若是正确地执行半定量风险评估，不需要完成定量风险分析或者过多的风险避免措施，就可以有效地将风险问题处理掉。

3. 定量风险评估

定量风险评估，简单来说，就是出于特定目的而进行的、具有数字结果的风险评估。定量风险评估的依据资料是致病微生物的毒理学特征或感染型、中毒症状等，通过这些将该致病微生物对人体产生不良作用的摄入量以及概率计算出来，并将其结果用数学语言描述出来。

在上述的风险评估方法中，风险评估的最优模式是定量风险评估。以预测微生物学和数学模型的定量风险评估为基础，对整个食品生产、加工及消费链中可能存在的致病微生物进行了量化。评估的结果在很大程度上方便了风险管理政策的制定。

（三）微生物风险评估原则

微生物风险评估原则如下：

（1）微生物风险评估的基础是科学。

（2）风险评估与风险管理二者之间应该采用职能分离原则。

（3）微生物风险评估是建立在危害识别、危害特性、暴露评估及风险描述之上的，它是一种结构化的评估。

（4）进行微生物风险评估之前，应该先将目的和产出的风险估计形式表明。

（5）微生物风险评估的行为是透明的。

（6）对于限制风险评估的费用、时间、资源等问题来说，要对其可能造成的后果明确了解。

（7）风险评估中包含对不确定性因素的描述。

（8）风险评估中不确定因素之一是数据，对于数据和数据收集系统来说，要对其保持高准确性和高质量，将不确定性降到最低。

（9）微生物的生长、生存和死亡以及人体潜在的传播性等情况，在进行微生物的风险评估的时候应该将它们以及它们之间的复杂关系考虑在内。

(10) 对于比较独立的人体疾病数据来说，在一段时间之后，应该再次进行风险评估。

(11) 若是在评估后又得到了新的、与评估相关的信息，应该进行新的评估。

二、微生物风险评估的步骤

风险评估可分为四个阶段，即危害识别、危害特性、暴露评估和风险描述。

(一) 危害识别

危害识别，也可以称为危害鉴定，是通过相关数据资料，对危害进行定性分析的过程。危害识别具有两个目的：一是确认与食品安全相关的微生物，二是确认与食品安全相关的微生物毒素。前面提到的数据资料，一般是来自国际组织数据库、政府机构数据库和相关工业数据库，某些时候也可以从专家处获得。与危害识别相关的信息有很多方面，主要是临床研究、流行病研究、微生物习性研究等。

(二) 危害特性

人体摄入含有微生物或者其毒素的食品之后，会产生一定的副作用。危害特性的就是副作用的严重程度、在体内的持续时间和定量分析结果描述。对于一个副作用，若是有足够的研究数据，可以采用剂量-反应对其进行评估。

理想地建立起剂量-反应关系是危害特征描述所期待得到的特点。在建立危害-反应关系的时候，需要考虑感染、疾病等多方面因素。当已知的剂量-反应关系不符合要求的时候，需要利用风险评估工具对传染性等描述危害特征的因素进行判断。除此之外，专家还需要制定出一个等级系统，用来描述疾病的严重性和持续时间。

(三) 暴露评估

人体可能会摄入含有微生物或其毒素、物理因子、化学因子的食品，暴露评估的工作是对上述被摄入东西进行定性评价和定量评价。就微生物风险评估而言，暴露评估可以是对食品中细菌毒素含量的评估，或者是对消费食品中致病性细菌数量的评估。对于化学成分来说，它可能根据食品的加工而发生微小的变化；对于致病性细菌的数量来说，它是呈现动态变化的，在基质中可能出现明显的增加，也可能会出现明显地减少。

在进行暴露评估的时候，需要对一些因素进行考虑，需要着重考虑的有两点：一是食品被致病因子污染的频度；二是食品中致病因子随时间变化的含量水平。这些因素受以下几方面的影响：致病因子的特性、食品的微生物生态、食品原料的最初污染、卫生设施水平和加工进程控制、加工工艺、包装材料、食品的储存和销售，以及任何食用前的处理。评估中必须考虑的另一个因素是食用方式，这与以下方面有关：社会经济和文化背景、种族特点、季节性、年龄差异、地区差异，以及消费者的个人喜好。还需要考虑的其他因素包括：作为污染源的食品加工者的角色，对产品的直接接触量，突变的时间、温度条件的潜在影响。

暴露评估涉及食品生产到餐桌的整个过程，暴露评估可以预测出食品与致病因子接触的方式。这一预测正好反映了卫生方案、加工时间、加工环境、食用方式、运输方式、运输卫生等加工环节对食品安全的影响。

在很多条件都不确定的情况下，暴露评估预估了微生物致病菌及其毒素的含量水平，还估计了食用食品时可能出现的种种情况。可以根据食品原料是否会被污染、食品是否支持致病菌生长、加热对食品是否造成影响、储藏环境对食品的影响等因素，对食品进行定性分类。对暴露评估有用的工具之一是预测微生物学。

（四）风险描述

风险描述是风险评估的最后阶段。在危害识别、危害特性和暴露评估的基础之上进行的是风险描述，它的主要描述对象是人群已知或潜在的不良影响，描述的内容是发生概率和严重程度。对于特定人群中发生副作用的可能性和副作用的严重性，它给出了定量估价和定性估价。

风险描述之前已经有了相关的定量信息和定性信息，风险描述会将这些信息综合到一起，给特定人群提供一份比较全面的风险评估。可获得的数据和专家的论断是风险描述的主要依据。这种将定量数据和定性分析结合起来的证据，可能仅仅适用于风险的定性估价。

一个风险估价的最终可信程度主要取决于三部分：一是前述步骤中所确认易变性；二是不确定性；三是假设条件。对于之后的风险管理措施的选择来说，不确定性和易变性起着非常重要的作用。本身的数据和所选择的模型影响着不确定性。当遇到对流行病、微生物和实验动物的研究信息的评价和推断等情况的时候，产生数据不确定性的可能性非常大。还有当使用某种条件下的产生的数据来对不可知的数据在其他条件下发生的现象进行估计的时候，产生数据不确定性的可能性也非常大。微生物群体中存在不同的毒素、特定人群对疾病更敏感等都属于生物上的差异。

有一些生物性危害可以影响到人体的健康，包括致病细菌、原生动物、病毒、藻类及其毒素等，其中致病细菌是全球最显著的食品安全危害。现在还没有一套科学的、统一的评估生物因素风险的风险评估方法。截至目前，控制食源性生物危害最直接、最经济有效的手段是关键点控制体系。大多数人都认为，应该设置一个可接受的食品生物危害水平，尽力将所有的食品生物危害都降到这一水平。关键点控制体系的主要作用包括两点：一是确定具体的危害；二是针对这些危害制定相应的预防措施。将潜在的危害确定下来，也就是需要进行风险评估，这是制定具体的关键点控制体系计划的前提条件。在此需要注意的是，风险评估所使用的数据必须是科学的资料，对数据分析的方法也必须是科学的、透明的。但是实际操作中总会有一些不理想的情况，比如不是每次都可以顺利得到科学信息，因此一般情况下得出的结论都带有不确定性。

第二节　微生物风险评估的研究进展

一、起源

1991年，联合国粮农组织（FAO）、世界卫生组织（WHO）和关贸总协定（CATT）共同在罗马召开了“食品标准、食品中的化学物质与食品贸易会议”，建议相关国际法典委员会和所属技术咨询委员会对相应的食品安全问题基于适当的科学原则进行评估。1995年3月，FAO/WHO在WHO总部召开了风险分析在食品标准中应用的联合专家咨询会议，讨论了在制定食品卫生标准中应用风险分析技术的切实可行性，并就风险分析的三个组成部分（风险评估、风险管理、风险交流）及其定义达成一致意见。

1997年1月，FAO/WHO联合专家咨询会议在罗马FAO总部召开，会议提交了《风险管理与食品安全》报告，规定了风险管理的框架和基本原则。1998年2月，在罗马召开了FAO/WHO联合专家咨询会议，会议提交了题为《风险交流在食品标准和安全问题上的应用》的报告，对风险交流的要求和原则进行了规定，同时对进行有效风险交流的障碍和策略进行了讨论。至此，有关食品风险分析原则的基本理论框架已经形成。FAO/WHO于1999年3月在日内瓦召开的第一次专家会议上对这一问题进行了初步的讨论。食品法典委员会（CAC）已经制定了《食品微生物风险评估的原则与指南》《微生物风险管理指南》等。

二、国内外进展

1998年，美国农业部食品安全监督服务局（FSIS）对带壳鸡蛋和蛋制品肠炎沙门氏菌进行了风险评估。美国食品和药品管理局（FDA）在2000年完成了对生食牡蛎致病性副溶血性弧菌公共卫生影响的定量风险评估，并协助FSIS完成了对水产品中李斯特氏菌进行的风险评估。欧洲食品安全局（EFSA）在2010年发布了生猪饲养和屠宰过程中沙门氏菌的定量风险评估报告，2011年又完成了肉鸡中空肠弯曲菌的定量风险评估。2003年，新西兰食品安全局各取所长环境科学与研究中心（ESR）对双壳贝类中的诺如病毒进行了风险概述，2009年，又对原来的报告进行了补充和再评估。

2008年7月15日，应欧盟委员会要求，欧盟食品安全局生物危害性小组公布家畜饲料微生物风险评估报告。报告认为，沙门氏菌是饲料中最主要的生物性危害，其次是单核细胞增生李斯特氏菌、大肠杆菌（O157：H7型）、梭状芽胞杆菌，受沙门氏菌污染的饲料是动物源性食品沙门氏菌感染源。该评估重点对工业化生产饲料进行了分析，因为该领域饲料受沙门氏菌污染风险性很高。油料籽粗粉、动物源性蛋白是主要的饲料原料，同时也是沙门氏菌介入的重要渠道。虽然在加工过程中热处理可杀死沙门氏菌，但该过程也易造成二次污染，因此该小组建议加强化学性处理研究。具体结论及建议有：①在欧盟境内开展饲料沙门氏菌检测基本调查工作，比对各国检测数据，以利于出台控制措施；②加强饲料生产GMP、GHP、HACCP的开发应用，加强车间热处理工作，合理控制二次污染；③在整个加工过程中设立多个卫生标准，而不是以最后的产品卫生检验为唯一标准；④应尽快执行欧盟动物饲料沙门氏菌监控标准方法。

我国食源性致病微生物的风险评估工作起步较晚，但已取得了一定进展。陈艳等于2004年对温暖月份零售带壳牡蛎中副溶血弧菌进行了定量研究，并根据FDA推荐的评估方法，对福建省零售生食牡蛎中副溶血弧菌进行了定量风险评估，计算福建省四季发病概率以及暴露途径中各参数的敏感性；赵志晶等（2004年）对中国带壳鸡蛋中的沙门氏菌进行了定量风险评估过程四个步骤中危害识别和暴露评估这两个部分的研究；田静（2009年）利用Risk Ranger软件对熟肉制品中单核细胞增生李斯特氏菌进行了半定量的风险评估；骆璇等（2010年）对上海市猪肉中金黄色葡萄球菌进行了风险评估。但对于饲料和饲料原料中致病菌的风险评估，目前尚研究较少。

三、存在的问题

就暴露评估而言，目前存在的问题很多，具体有现存数据不连续、数据采集地区不全面、项目少等。在食源性致病菌的风险评估研究方面，国内的成熟度不及国外，在很多方面都是以国际范例为参照的，国内还没有一套完善的体系。

1. 剂量-反应关系的资料缺乏

目前，我国的剂量-反应模型的建立多是参考国外资料。一般将这类模型建立的基础分两类：一是疾病爆发，二是人体实验数据。不论是哪种基础形式，对于食源性疾病的实际发生情况来说，流行病学都是最直接的反映。不同国家、地区的人具有不同的特点，他们的消费模式也不尽相同。因此，当建立模型的数据来源于某一类型人群的时候，该模型使用效果最好的还是这类人群。所以，要尽可能建立符合本国的剂量-反应模型。

2. 基本数据缺乏

目前，我国在很多方面的数据量都不能满足需要，有的时候是有数据，但数据的共享性太低，属于某些结构的“私人物品”。面对上述两种情况，风险评估工作的展开具有非常大的困难。我国建立的食源性疾病主动监测网的范围包括的食源性致病菌的种类较少，且调查数据不是及时共享的，不能满足风险评估的需要。由于这些数据的缺乏，在暴露评估模型中会出现很多假设，这些假设可能直接导致结果的不确定性。

3. 模型构建不完善

暴露评估完整的模型是要完成对从农场到餐桌的整个食物链过程进行评估。我国目前所建立的有关食源性致病菌的暴露评估模型多数都是不完整食物链，这样就导致无法确定生产过程中的关键环节，不能提出有效的建议。

第三节　风险评估的应用
——饲料中沙门氏菌的风险评估

沙门氏菌是对人类和动物有极大危害的一类致病菌，能引起急性、慢性或隐性感染。据资料统计，在我国细菌性食物中毒中，有70%～80%是由沙门氏菌引起的，而在引起沙门氏菌中毒的食品中，约90%是肉、蛋、奶等畜产品。若饲料本身含有沙门氏菌，就很有可能影响到动物和畜产品。

饲料中的主要污染源是含肉成分的原料，特别是鱼粉、血粉、肉骨粉、骨粉等。由于它们含有丰富的营养条件（包括碳源、氮源、水和无机盐及微量元素）、适宜的酸碱环境和一定的氧气环境，会使沙门氏菌大量繁殖。所以，开展饲料微生物风险评估，对于有效管理饲料的生产等安全问题具有重要的意义。

一、危害识别

（一）生物学特性

1. 形态与染色

沙门氏菌是革兰阴性菌，无芽胞，无荚膜，除鸡沙门氏菌、雏白痢沙门氏菌外，周身都有鞭毛，能运动，多数菌株有菌毛。

2. 培养特性

沙门氏菌为需氧菌或兼性厌氧菌，营养要求不高，在普通培养基上即能生长，适宜温度35～37℃，适宜pH值为6.8～7.8。分离培养常采用肠道选择鉴别培养基。生化反应对本属菌的鉴别具有重要参考意义。在普通琼脂或血琼脂平板培养基上形成的菌落中等大小，直径为2～3mm，圆形或卵圆形，表面光滑、温润、无色半透明、边缘整齐或呈锯齿状。沙门氏菌培养特征，见表3-1。

表3-1　沙门氏菌属各亚属在其他选择性琼脂平板上的菌落特征

选择性琼脂平板	亚属Ⅰ、Ⅱ、Ⅳ、Ⅴ	亚属Ⅲ（亚利桑那菌）
BS琼脂	产硫化氢菌落为黑色有金属光泽、棕褐色或灰色，菌落周围培养基可呈黑色或棕色；有些菌株不产生硫化氢，形成灰绿色的菌落，周围培养基不变	黑色有金属光泽
DHL琼指	无色半透明；产硫化氢菌落中心带黑色或几乎全黑色	乳糖迟缓阳性或阴性的菌株，与Ⅰ、Ⅱ、Ⅳ、Ⅴ相同；乳糖阳性的菌株为粉红色，中心带黑色
HE琼脂	蓝绿色或蓝色；多数菌株产硫化氢，菌落中心黑色或几乎全黑色	乳糖阳性的菌株为黄色，中心黑色或几乎全黑色；乳糖迟缓阳性或阴性的菌株为蓝绿色或蓝色，中心黑色或几乎全黑色

续表

选择性琼脂平板	亚属Ⅰ、Ⅱ、Ⅳ、Ⅴ	亚属Ⅲ（亚利桑那菌）
SS琼脂	无色半透明；产硫化氢菌株有的菌落中心带黑色，但不如以上培养基明显	乳糖迟缓阳性或阴性的菌株，与亚属Ⅰ、Ⅱ、Ⅳ、Ⅴ相同；乳糖阳性的菌株为粉红色，中心黑色，但中心无黑色形成时与大肠埃希菌不能区别

3. 生化反应

沙门氏菌属通常不分解乳糖、蔗糖和水杨苷，不液化明胶，不分解尿素，不产生吲哚，不发酵乳糖和蔗糖，能发酵葡萄糖、甘露醇、麦芽糖和卫芽糖，多数沙门氏菌产硫化氢，VP试验阴性，甲基红试验阳性，产酸产气，能利用柠檬酸盐，能还原硝酸盐为亚硝酸盐。脲酶、苯丙氨酸脱氨酶、脂酸为阴性，赖氨酸和鸟氨酸脱羧酶多为阳性。少数只产酸不产气。见表3－2。

表3－2　沙门氏菌属五个亚属的鉴别特征

生化试验	亚属				
	Ⅰ	Ⅱ	Ⅲ	Ⅳ	Ⅴ
乳糖发酵	－	－	＋或x	－	－
卫矛醇发酵	＋	＋	－	－	＋
ONPG	－	－或x	＋	－	＋
丙二酸盐利用	－	＋	＋	－	－
KCN肉汤生长	－	－	－	＋	＋
黏液酸盐发酵	＋	＋	＋	－	＋
明胶液化	－	＋	＋	＋	－
D-半乳糖醛发酵	－	＋	V	＋	＋
注：＋：90％以上菌株阳性；－：0～10％菌株阳性； x：迟缓或不规则阳性；V：不定					

4. 抵抗力

沙门氏菌属对热的抵抗力不强，加热60℃ 15min即死亡。5％石炭酸5min即被杀死，对氯霉素等高度敏感。沙门氏菌可借助于水、土壤和饲料传播。

5. 抗原构造与分类

沙门氏菌属的血清型复杂，至今已发现2324多个血清型，主要有菌体抗原、鞭毛抗原和包膜抗原。

(1) 菌体抗原（O抗原）。细胞壁含有大量的脂多糖，具有很强的稳定性，在100℃的环境下可以稳定存在好几个小时，乙醇或者0.1%石炭酸不能对其产生影响。脂多糖中的多糖侧链部分决定了O抗原的特异性，通常使用阿拉伯数字1、2、3……来表示。比如，猪霍乱杆菌有两个，分别是6、7。有的时候会出现几种菌同时含有某些抗原O的情况，比如，同时含有共同抗原O的沙门氏菌就被归为一类，如此一来，可将沙门氏菌属分为42组，分别是A～Z、O51～O63、O65～O67。能引起人类疾病的沙门氏菌大多属于A～E这五个群。O抗原与特异性抗血清在一定条件下呈颗粒状凝集。

(2) 鞭毛抗原（H抗原）。H抗原主要存在于鞭毛中，本质是蛋白质，在高温条件下不能稳定存在，乙醇对其具有一定的影响。蛋白质的性质受氨基酸的排列顺序和空间结构的影响，同样，多肽链上氨基酸的排列顺序和空间结构也决定了H抗原的特异性。沙门氏菌的H抗原包括第1相和第2相两类，前者特异相的特异性高于后者非特异相。对于第1相的表示来说，通常使用阿拉伯数字1、2、3……来表示。有的细菌同时具有H抗原的第1相和第2相，这种细菌称为双相菌；只含有第1相或者第2相的细菌，称为单相菌。由于每组沙门氏菌含有的H抗原不同，据此可将其进一步划分为种或型。机体在H抗原的刺激下可以产生IgG抗体。

(3) 包膜抗原。包膜抗原是菌体抗原的一种，或称K抗原，是荚膜或鞘物质。荚膜物质能抵抗100℃或更高的温度，而鞘物质在较低温度下即被破坏。少数沙门氏菌具有Vi抗原，如伤寒沙门氏菌、丙型副伤寒沙门氏菌。聚-N-乙酰-d半乳糖胺糖醛酸组成了Vi抗原。Vi抗原的性质不稳定，在60℃下即可被破坏，石炭酸也对其有破坏性，在进行人工传代的过程中极易丢失。Vi抗原的存在位置主要是细菌的表面，具有阻止机体与O抗原发生反应的作用。相对来说，Vi抗原具有较弱的抗原性。正常的情况下，若是生物体内存在细菌，细菌内含有大量的抗体，当细菌被清除后，抗体也会随之被清除。若是细菌含有Vi抗原，那么细菌就具有抗吞噬的作用，在一定条件下，可以保护细菌不被溶解，在很大程度增强了细菌的毒力。

（二）流行病学研究

畜禽感染沙门氏菌可引起相应的传染病，如猪霍乱、鸡白痢等。1985年8月27～28日，我国山西雁北区某貂场，两天内死亡水貂1560只，死亡率为99.68%，经确诊为沙门氏菌中毒。2006年8月，吉林市某区的一个水貂养殖场，450只水貂因食用被沙门氏菌污染的饲料相继发病并有死亡现象发生。

沙门氏菌病的症状主要为恶心、呕吐、腹痛、腹泻、发热、头痛等。偶尔呈霍乱样的爆发性胃肠炎者，呕吐、腹泻剧烈，病畜体温上升后即下降，脉弱而速，尿少或尿闭等。如抢救不及时，可引起死亡。病例长短不一，一般为3～6天，重者可能延长至3～6周。

二、危害特性

危害特性是指对与食品中可能存在的生物、化学和物理因素有关的不良健康效果的性质的定性和定量评价。对于生物和物理因素来说，若是可以得到相关数据，那么就需要进行剂量-反应评估；对于化学因素来说，也需要进行剂量-反应评估。剂量就是指某种化学、生物或物理因素的暴露水平，反应就是指在某种水平下产生的相应的健康不良效果的严重程度和发生频度，剂量-反应评估正是反映着两者之间的关系。当存在某种需评估的情况，但没有已知的剂量-反应关系时，可以采用专家建议等风险评估工具来描述危害特征所必需的传染性等各种因素。

对于沙门氏菌的检出率来说，动物性饲料为25.7%，植物性饲料为13.8%，这个数据说明肉骨粉、血粉、鱼粉等含肉成分的原料是主要的污染源。沙门氏菌在动物性饲料中大量繁殖的原因是含肉成分的原料含有碳源、氮源、水、无机盐以及微量元素等丰富的营养条件，还含有一定的氧气和适宜的酸碱环境。陈宝钦等（1996年）从进口的鱼粉、鳗鱼饲料和鸡肉粉中检测出了沙门氏菌，鱼粉检出沙门氏菌占总批数的4.81%，鳗鱼饲料占总批数的9.09%，鸡肉粉占总批数的100%。周军等（1996年）在1995年10月从北京某公司从黄埔港进口的鱼粉中检出了沙门氏菌。朱南光等（1995年）从进口的鱼粉中检出了沙门氏菌。饶秋华等（2010年）对2008—2009年62份水产饲料和30份送检的饲料原料进行检测，检测出5种沙门氏菌。对于饲料中沙门氏菌的反应-剂量关系未见报道，但是我国已有规定要求饲料当中不得检出沙门氏菌。

一般情况下畜禽肠道带菌率比较高。当动物因患病、衰弱、营养不良、疲劳导致抵抗力降低时，肠道中的沙门氏菌即可经肠系膜淋巴结和淋巴组织进入血液引起全身感染，甚至死亡。比如，猪霍乱沙门氏菌可引起仔猪副伤寒，急性病例出现败血症变化，死亡率相当高；慢性病例产生坏死性肠炎，影响猪的生长发育。鸡白痢沙门氏菌，主要侵害雏鸡，引起败血症，可造成大批死亡。在成年母鸡，则主要引起卵巢炎，可在卵黄内带菌而传给幼雏。

三、暴露评估

暴露评估是指对于通过食品的可能摄入和其他有关途径暴露的生物、化学和物理因素的定性和定量评价。对于微生物因素而言，暴露评估是对所消费的食品中的致病菌的数量或细菌毒素的含量以及有关的膳食信息进行评估，给出食品在食用时的致病菌的数量或细菌毒素的含量的估计值。

加工饲料时往往要添加一定量的鱼粉、血粉或者肉骨粉，而这些鱼粉、血粉和肉骨粉恰恰是沙门氏菌非常适合生长的介质。一方面，如果生产饲料使用的这些添加料本来就是被沙门氏菌污染的，那么饲料也一定会被污染；另一方面，像病死畜虽然经过高温处理可以杀死大量的细菌，但是往往因菌量大或者是耐热性芽胞杆菌的存在而影响杀菌效果。此外，腐败类的原料往往很适宜沙门氏菌的生长。总之，在进行饲料生产时一定要选择优质的加工原料。

动物性饲料原料的加工方法也是影响饲料中沙门氏菌的一个非常重要的方面。在对动物性饲料原料进行凝固蛋白或杀菌加工的时候，大多数手段是高温处理或挤压蒸煮。为了保证加热的效果，需要对加热的时间、温度和方法有所了解并掌握。当对畜禽屠宰废弃物进行加工的时候，大多采用发酵法，这就要求掌握正确的发酵方法，来保证产品的质量和彻底消灭病原菌。如果没有掌握正确的加工方法，那么就会造成沙门氏菌的污染。

产品可在运输、贮藏、销售和使用中被沙门氏菌污染。产品在这几个过程中如果没有适当的保护也很容易受到沙门氏菌的污染。比如，通常使用塑料袋、牛皮纸袋、麻袋或者编织袋来包装动物性饲料，这种包装袋一般都有两层，内层的作用是密封，外层的作用是耐磨损，这样可以防止污染和吸潮。在运输产品的时候，要保证产品包装袋不被损坏，不可经受太阳暴晒，也不可经受雨淋。储存产品的仓库最好使用混凝土建造。袋装饲料应该放在木质托板上，不可直接堆放在地面，以达到通风的目的。产品堆放要符合要求，堆放位置应该与墙壁、窗户之间有一定的距离，以便达到降温和通风的目的。仓库应该建在地势高、干燥、阴凉、通风的位置，有条件的话，最好使用冷冻仓储或气调仓储，潮湿的环境最适合霉菌、细菌等有害菌的滋生。螨虫、鼠、蝇、蟑螂等是重要的沙门氏菌携带者，对于储存饲料的仓库，应该定期对其进行消毒杀菌作业，经常打扫，保证环境卫生。当销售产品的时候，临时储藏产品的仓库也要保证良好的环境和条件。在使用饲料的时候，不应该在畜禽的笼舍内堆放过多、过久。已经开封但未用完的饲料，需要及时将袋口扎紧。

四、风险描述

饲料中的含肉成分的原料，特别是鱼粉、血粉、肉骨粉等蛋白质饲料更易受沙门氏菌的污染。同时，饲料不管是在生产还是运输或者是销售过程中时都很容易污染沙门氏菌，应该运用定量的风险评估通过模型求得在饲料进行生产时所需要的环境要求以达到控制沙门氏菌污染的目的。

五、风险管理的建议

鉴于现在沙门氏菌的风险评估主要在食品方面，在饲料方面进行这方面的研究几乎没有。所以，对饲料中沙门氏菌进行风险评估不仅可以提高沙门氏菌的检测力度，还可以在饲料的生产以及其余的各个环节进行指导以防止沙门氏菌污染。

1. 加强宣传，提高认识

要通过宣传，让更多养殖户和消费者认识到沙门氏菌危害的严重性。对饲料厂、养殖场的员工以及动物产品生产加工、销售等过程的参与者进行教育和培训。

2. 抓好源头，控制污染

对饲料本身来讲，要抓好饲料原料这个源头，避免被沙门氏菌污染的原料混入饲料中来。

3. 消毒环境，防止传播

要建立良好的畜禽生活环境，对养殖场的环境卫生、畜体卫生、饮水和饲料卫生等所有环节进行严格控制，有效防止沙门氏菌的传播。

4. 严格检疫，监管流通

加强对动物产品加工、流通环节的监管，对上市的动物产品要提前进行严格检疫，防止受污染的动物产品进入市场。

5. 建立饲料沙门氏菌危害信息系统

使用现在计算机信息处理系统，对沙门氏菌危害进行检测，动态管理沙门氏菌污染控制信息。

第四节 微生物生长预测模型

预测微生物生长的研究模型中最具有代表性的是 Whiting 和 Buchanan 的分类方法。在模型中，微生物模型包括生长/不生长模型和失活/存活模型两大类。微生物模型还包括三个水平：第一个是初级水平，主要用来建立与微生物生长过程与时间的关系；第二个是次级水平，主要用来建立与环境因素相关的微生物生长模型；第三个是三级水平，主要用来建立计算机软件的程序或者专家系统。

生长/不生长模型是最简单的预测微生物学数学模型。1952 年，有人曾发现将乙酸和食糖加入到泡菜中可以抑制酵母菌的生长，并且建立了相关的数学方程来计算达到抑制生长目的的具体数值。

一、时间生长模型

时间生长模型与生长/不生长模型相比来说，它所示的是典型的初级模型，这个模型可以提供更多的信息，包括微生物从接种到生产的时间、达到混浊的时间、生成毒素需要的时间，等等。在这个模型中最重要的数据有两个：一个是微生物进入对数生长的时间；另一个是最初出现毒素的时间。相对来说，微生物的生长速率并不是很重要的数据。

时间生长模型是一种初级模型，将其与多种二级模型相结合的话，起到控制时间生长模型参数的效果，用来预测一些因素对面包等半干制品中霉菌生长的影响。比如，酸碱度、储藏温度、水分活度等。

Lindroth 将一系列稀释浓度的肉毒梭菌孢子接种到液体培养基中对液体培养基的混浊度进行观察，并对 MPN 进行统计。Lindroth 将 MPN 结合到时间生长模型中，建立了 Time - to - Turbidity 模型，见下式：

$$P = (MPN \times 100) / S$$

式中：

P——由液体培养基混浊的概率，%；

MPN——最大可能的孢子生长数量；

S——接种量。

在此基础上，Graham 和 Lund 建立了肉毒梭菌产毒概率模型。

二、动态生长模型

初级模型反映的是表征微生物数量和时间之间的关系。表征微生物响应的模型响应参数有直接参数和间接参数两种。直接参数有每毫升的菌落形成单位数、毒素产生、底物浓度及代谢产物；间接参数则包括电阻抗和吸光率。近几年来，有很多研究者提出了线性方程、Logistic、Gompertz、Richards 等方程来描述微生物动力学生长。在上述的方程中，Gompertz 是最常使用到初级模型中的，该模型使用方便，而且可以有效地描述微生物的生长。

设计 Gompertz 模型的初衷不是描述微生物的生长，只是在使用的时候将物理含义赋予模型中的参数，然后再利用这些参数来描述微生物的生长，这些被赋予特殊意义的参数发挥了极大的作用。Gibson 等修正的 Gompertz 模型见下式：

$$\log x(t) = A + C \times \exp\{[-\exp[-B(t-M)]]\}$$

式中：

$x(t)$——以对数单位表达的时间 t 时的细菌数量；

A——以对数单位表达的初始细菌数量；

C——稳定期与接种时的微生物数量的差值；

B——时间 M 时的相对生长率；

M——绝对生长率最大的时间。

由 Baranyi 等在 1994 年提出的 Baranyi 模型得到了越来越广泛的应用，其最大的优点就是拟合性较高，而且是真正意义上的动力学模型，可以描述环境因素随时间变化的微生物生长情况。

通过对不同模型的拟合度进行比较，可以得出最合适的模型。最常见的是对 Gompertz 和 Baranyi 两种方程进行精确度的比较。

二级模型所描述的重点在于初级模型中的参数受到环境因子怎样的影响。平方根模型、Arrhenius 指数模型、响应曲面模型和人工神经网络等都属于二级模型。在上述的模型当中，将多元回归方法应用于响应曲面模型是最常使用的方法之一，多用于研究多种因素对微生物生长的影响以及交互效应对微生物生长的影响。

三级模型是计算机程序，将初级模型和二级模型转换成计算机共享软件（预测微生物软件）。该模型的主要功能是计算微生物随着环境因子的改变所做出的响应、比较各环境因子对微生物的影响，以及相同环境下微生物之间的区别。目前，世界上现有的预测软件已达数十种，包括美国农业部食品研究部门开发了病原菌模型程序PMP，该软件能够预测牛肉汤中肉毒杆菌或产气荚膜梭状芽胞杆菌的生产或成肉中产气荚膜梭状芽胞杆菌的生长，其预测结果具有较高的精确度。该系统还可以利用自动响应模型处理大多数常用的防腐剂。澳大利亚斯马尼亚大学的Neumever等人在1997年开发了预测假单胞菌生长的软件。现在美国和英国的研究者已经着力于世界上最大的预测微生物数据库的共建和开发。其他三级模型有：假单胞菌预测软件，海产品腐败预测软件；澳大利亚斯马尼亚大学食品学院在假单细胞菌生长模型的基础上开发了食品腐败预测软件，该系统能进行多环境因子分析的强大应用。加拿大开发的微生物动态专家系统MKES，该系统是开发产品系统和评估产品安全的微生物动力学专家系统，其要求输入的特性信息有：产品系统流程图、各环境因素参数和参数的变动范围等。英国农业、渔业和食品部开发了食品微生物预测模型软件FM，用来预测食品产品中的微生物生长。英国Leathead食品研究协会和英国软件公司STD合作开发了微模型程序（micromodel program）等。中国水产科学研究院东海水产研究所也使用了同类系统FSLP。

三、模型的验证

在使用模型之前，需要做的是验证模型的有效性。截至目前，还没有一个标准的验证方法，主要使用的验证方法如下。

（一）作图法

作图法是将预测值与实测值绘在一张图上，可以非常直观地将两者的相关性判断出来。使用这个方法时，经常要做的准备工作是对数据的转换，大多数是将数据转换为对数或者平方根的形式，如此可以达到更加客观评价的目的。

（二）统计法

通过一些统计学方法，如F检验、t检验、均方误差、相关因子、偏差因子、准确因子等，来衡量不同模型拟合微生物的生长情况。

（三）比较法

比较法是对两组数据进行比较的方法。一般情况下，一组数据是模型预测出来的数据，包括生长速率、代时等；另一组数据是文献资料中的数据，若是缺乏文献数据，就需要额外进行储藏试验或激惹试验，得到作比较的数据。

在此需要注意的是，若是使用单一的方法进行验证，不管使用哪种方法，都达不到全面衡量模型的预测效果。因此，对模型进行验证的时候，一般会采用多种方法相结合的手段，以便做出合理的评价。在实验室建立条件构造的模型，更加容易控制，但是真正的食品成分比较复杂，与实验室的培养基有很大的区别。因此，很多研究者认为应该在食品上对在培养基上建立的模型进行验证，观察其是否能将微生物的实际情况反映出来。

四、预测模型的局限性

（一）生物学局限

预测微生物学模型所包括的环境因子主要有：温度、所处环境的空气组成、水分活度、pH值和添加剂，而实际食品中影响微生物生长的因素还有很多。比如，保湿剂的添加、微生物之间的生存竞争、多种防腐剂的添加以及食品在运输过程中冷链的温度波动。那么当这些外在因素成为不可忽视的主要矛盾时，模型预测值就会失去原有的准确度。

（二）统计学局限

预测模型表征的是一个动态连续过程，而模型的数据是非连续的试验数据。如此一来，所建立的预测模型就会存在较大的误差。由于试验方法的原因，使得获得连续的试验数据成为不可能的事实，因此，不论怎样都不能避开这一局限性。但是，可以增加试验次数，达到降低误差的目的。

在建模的过程中必须考虑到：

(1) 精确度。在实验收集数据过程中并不能对环境因子所涉及的范围全部进行试验，这就要求模型必须具备较高的预测精度。

(2) 对各环境因子的整合性。模型所包含的参数不应太多，要利于使用。对出现的预测错误，可从模型的局限性进行解释；模型所包含的参数应具有生物学意义和实际意义。

(3) 回归分析是建模的基础。因此，建立恰当的回归分析标准对建模至关重要。

第四章　微生物饲料应用实例

选择品质优良的饲料是动物生长的关键，品种、饲养管理、环境条件、健康状况在很大程度上影响着饲料的实际养殖效果。为使微生物饲料在动物生长过程中发挥出最佳效果，必须有配套的饲养管理措施。

第一节　微生物饲料在猪饲料中的应用

由于精饲料原料供应上的不足，所以当下面临的最棘手的问题便是开发非常规饲料，尤其是微生物发酵饲料的开发和应用，与之同步的还有反刍动物的开发和肉食产品质量的提升。需要特别注意的是，其中饲料资源开发的侧重点落在了利用农副产品生产酵母培养物、农作物秸秆、牧草、水生饲料等生产青贮饲料等方面。新型微生物发酵菌种的选育、引进和发酵工艺的改进成为了这一类型产品技术进步的核心内容。

一、微生物饲料在肉猪菌体蛋白饲料中的应用

在猪饲料生产中开发微生物添加剂的工艺与传统理化方法相比，具有不可比拟的优势，为开发新的蛋白质资源提供了指导方向。一般来说，大致上将微生物饲料分为两种类型：一种是经过了发酵过程的洗礼，主要包括乳酸发酵饲料（青贮饲料）、畜禽屠宰废弃物发酵饲料、饼粕类发酵脱毒饲料、微生物发酵生产的各类饲料添加剂等；另一种是在各种废弃物、纤维素类物质、淀粉质原料、矿物质等的基础上培养出具有微生物性质的菌体蛋白和藻类等。

微生物的品类非常丰富，再加上各有差异的代谢过程、高含量的蛋白质、高利用率的物质等方面的优势使其在饲料开发中逐渐处于领先地位。在饲料开发中需要注意一点，那就是饲料的供应对象是动物，因此开发出的微生物饲料必须是无毒和无害的，不会对动物造成间接伤害，人食用动物制品后不会带来间接的不适反应，从另一个角度来说还应该是有益的，

并且可以很快地适应周围的环境。目前，细菌、放线菌、酵母菌和丝状真菌中的许多菌种都在饲料生产过程中得到了很好的应用。

二、微生物饲料的来源

一般来说，微生物饲料主要是指那些含微生物代谢产物或菌体的饲料和饲料添加剂。如今，人们的环保意识逐渐增强，对废弃物的利用也上升到了前所未有的高度，所以在微生物饲料的原料上也从一般的饲用原料发展到对废弃物的利用。一些粮食的加工副产品如米糠、麸皮、大豆饼等粗饲料经过微生物的处理和加工后就变成了精饲料，这一工艺已经得到了长时间的发展，技术方面可以说是非常成熟了。

三、微生物饲料制剂

1. 饲用酶制剂

酶在生物学中是作为一种生物催化剂存在的，而动物在整个机体反应中几乎都是在酶的催化作用下进行的。其实早在20世纪，人们就意识到了酶的重要作用，而将其逐渐应用在食品工业中。而在近50年的发展过程中，酶的作用又得到了扩展，开始作为添加剂应用于动物饲料的生产。后来，酶作为饲料添加剂的研究和应用逐渐受到关注，并且成绩斐然。

2. 氨基酸类饲料制剂

经过微生物发酵法或化学合成生产出的赖氨酸或蛋氨酸已经在饲料生产中得到了广泛应用，并且影响也十分明显。不同的方法生产出来的氨基酸也是有所差异的，如发酵法生产的氨基酸是L型，化学合成法生产的是DL型，DL型的生物效率（除DL蛋氨酸外）仅是L型的一半。另外，色氨酸和苏氨酸等的应用也逐渐得到重视。

3. 活体微生物制剂

微生态学（microecology）作为一门学科，主要研究的是微生物之间或者微生物与环境和宿主之间相互依存和相互制衡的关系。它的形成和发展还要从医学界长期滥用抗生素对身体防疫体系的破坏说起，从而导致了医学界对疾病失控的局面。基于这方面的考虑，人们试图借助有益菌丛调节肠道菌丛的失调，从而使肠道微生态系统达到一种相对平衡的状态。所以，到了20世纪80年代初期便推出一种双歧菌和乳酸菌等活菌制剂，这可以说是微生态调节剂类型生物制品的雏形。

日本的EM（Effective Microorganisms）就是一种非常典型的微生态制

剂。起初在我国是应用于肥料，后来逐渐向饲料方向转移，其含有的微生物高达八十多种，而其中的光合细菌是合成维生素和碳源等的重要养分物质；乳酸菌产生的乳酸具有阻止有机物质腐烂变质的作用；酵母菌可以适当增强有效菌的活性，利于维生素和生理活性物质的产生；放线菌抑制病菌的原理主要来源于自身合成的抗生物质。

4. 发酵饲料与贮存饲料

发酵饲料的发展由来已久，是在粗饲料的基础上经过微生物的处理，使其各成分的结构及不容易被吸收和消化的成分得到改善，从而提高饲料的营养价值和适口性，如蛋白质、氨基酸、维生素、有机酸、醇等，包括种曲发酵和无曲发酵。从字面上理解，种曲发酵就是有曲种加入的发酵，如秸秆的微贮；无曲发酵就是加一些盐水、尿等物质，以达到抑制有害微生物活动的目的，这样就能促使有益微生物的活动得到加强，从而促使发酵的形成。这种类型的饲料，如果质量好的话，还具有酸甜口味。而其中更进一步的发明要数在模拟牛羊瘤胃的基础上进行发酵的人工瘤胃发酵饲料，对于动物来说不仅适口性好，而且更容易消化和吸收。

用于贮存饲料的方法很多，其中应用最广的是青贮和氨化。需要经过青贮处理的微生物主要是乳酸菌、链球菌，因为这类物质都可以产生乳酸。而需要经过氨化作用的则是嗜碱和耐氨的物质，这类物质在氨化作用下可以将纤维素与木质素很好地切断，这样的饲料对牲畜来说更容易消化和吸收。当然，随着时代的进步，微生物技术也在不断发展，在饲料中的更多的应用还有待进一步开发。

（1）试验时间与地点。2004 年 11 月 16 日至 2004 年 12 月 16 日在上海大龙畜禽养殖有限公司养殖场进行。

（2）试验对象与饲养。试验一是生长猪饲养试验，试验二是育肥猪饲养试验。这两个试验都分别选用生长发育良好、健康的生长猪 30 头和育肥猪 30 头，然后再按公母和体重随机分为Ⅰ、Ⅱ、Ⅲ组，每组 10 头，公母比例相同（生长猪3∶7,育肥猪 2∶8）一组一栏，各组平均体重基本上一致。这两组试验的Ⅰ组都分别为对照组，饲喂的都是一般的基础饲料（配方组成及营养水平见表 4－1），Ⅱ和Ⅲ组都是试验组，分别饲喂的是替代基础饲料 20％和 30％的新鲜发酵生物蛋白饲料。

表 4－1　两组试验基础饲料配方组成及营养水平

原料名称	试验一（生长猪）	试验二（育肥猪）
玉米（％）	61.00	62.00
麦麸（％）	5.00	8.00

续表

原料名称	试验一（生长猪）	试验二（育肥猪）
豆粕（%）	21.00	20.00
鱼粉（%）	3.00	—
花生饼（%）	3.00	3.00
土霉素渣（%）	3.00	3.00
预混料（%）	4.00	4.00
合计	100.00	100.00
营养水平	试验一（生长猪）	试验二（育肥猪）
消化能（MJ/kg）	13.34	13.39
粗蛋白（%）	19.90	16.20
Ca（%）	0.79	0.70
P（%）	0.50	0.47

注：预混料包括维生素、氨基酸、微量元素及食盐、钙、磷等，由养殖场提供。

（3）试验方法与饲养管理。这两个试验的预计试验天数都是5d，各组的平均体重和增重整体看来没有明显的差异（$P>0.05$），证明进入了正试期，每一组喂的饲料情况都是一样的。生长猪和育肥猪的试验期为30d。在刚开始喂养的阶段，生物发酵饲料的添加量是逐渐增加的，直到达到试验要求的数值。需要注意的是，进行试验时，要在同一栋猪舍内进行，以保证所处的外界环境是一致的，如通风、光照等，并且还要有专人负责喂养，采用的是粉料饲喂方法，每天在料槽中加两次料，以让猪自由采食直到吃饱不剩料即可，对喂料量进行及时记录。饮水量不限，但是每次进行喂料前都要对猪舍进行一次清扫。时刻注意观察猪的采食、饮水、排粪、排尿及猪群动态、健康和行为表现等情况并做记录。其他管理措施及驱虫、免疫程序按正常的猪场日常进行即可。

（4）观察指标。这两组试验的开始和结束时都是每头猪空腹称重的，对体重、增重、日增重进行记录，然后根据消耗的饲料量来计算饲料的转化率等重要指标。待育肥猪试验结束，从每一组中选择一头体重与平均数接近的猪进行屠宰，然后对屠宰率、瘦肉率等指标和部分内脏器官重量等进行测定，最后观察在使用新鲜发酵生物蛋白饲料饲喂后对猪胴体品质和内脏性状的影响。

（5）采食状况。新鲜的发酵生物蛋白饲料大部分都具有醇香的味道，因此在适口性上更有优势一些，在进行饲料替换的过程中会减少某些不适症状的发生。在饲喂过程中，试验猪表现出食欲旺盛的特征。同时观察外观如皮肤、毛色、健康状况及行为等均显示正常。

（6）生物发酵蛋白饲料对生长猪、育肥猪生产性能的影响。两组试验结果见表4-2。从表中可以看出，无论是试验一（生长猪）还是试验二（育肥猪），饲喂生物发酵蛋白饲料的四组增重明显都比对照组Ⅰ提高很多，同时降低饲料转化比（饲料/增重），改善饲喂效率，这在一定程度上节约了饲料成本，对提高经济效益很有帮助。

表4-2　两组试验猪增重、采食量和饲料转化比

项目	试验一（生长猪）			试验二（育肥猪）		
	Ⅰ	Ⅱ	Ⅲ	Ⅰ	Ⅱ	Ⅲ
猪数（n）	10	10	10	10	10	10
平均始重（kg）	30.70	30.80	30.75	61.25	61.60	62.16
平均末重（kg）	44.75	50.65	52.30	77.20	83.75	85.11
平均增重（kg）	14.05	20.85	21.55	15.95	22.15	22.95
试验期（d）	30	30	30	30	30	30
平均日增重（g）	468	695	718	532	738	765
平均日采食量（g）	2040	1990	2060	3005	3015	3065
饲料/增重	4.36	2.86	2.87	5.65	4.09	4.01

（7）生物发酵蛋白饲料对猪胴体品质及内脏性状的影响。

屠宰测定结果（见表4-3）可以看出，各组猪的屠宰率、膘厚、瘦肉率等指标以及心、肝等内脏器官重量都得到一定程度的提高，屠宰试验也没有发现内脏器官眼观病变。从而我们可以得到这样的结论：生物发酵蛋白饲料作为生长育肥猪饲料，对猪胴体品质及组织器官方面具有保健、促长功能。

表 4-3　新鲜发酵蛋白饲料对猪胴体品质及内脏性状的影响

项目	Ⅰ	Ⅱ	Ⅲ
活重（kg）	79.5	82.5	85.5
屠宰率（%）	72.43	74.83	75.16
膘厚（cm）	1.40	1.50	1.55
眼肌面积（cm^2）	40.6	39.6	45.3
瘦肉率（%）	57.07	60.58	61.28
心重（g）	245	335	280
肝重（g）	1525	1610	1650
脾重（g）	135	160	155
肺重（g）	750	815	820

（8）生物发酵蛋白饲料养猪的经济效益分析。

表 4-4　试验全期每组猪的经济效益情况分析结果

项目		试验一（生长猪）			试验二（育肥猪）		
		Ⅰ	Ⅱ	Ⅲ	Ⅰ	Ⅱ	Ⅲ
头增重收入	增重（kg）	14.05	20.85	21.55	15.95	22.15	22.95
	单价（元/kg）	9.50	9.50	9.50	9.50	9.50	9.50
	金额（元）	135	198	205	152	210	218
饲料费	饲料耗料（kg）	60	60	60	90	90	90
	单价（元/kg）	1.50	1.70	1.70	1.50	1.80	1.80
	金额（元）	90	102	102	135	162	162
头均获毛利（元/m）		45	96	103	17	48	56

由表 4-4 可以看出，试验一饲喂新鲜发酵蛋白饲料的两组生长猪平均

获毛利 99.5 元/月，而对照组为 45 元/月，比对照组的 2 倍还要多；试验二供试育肥猪的获利虽然与试验一相比有所差距，但平均获利也可达到 52 元/月，是对照组的 3 倍。从上面的数据分析中可以看到，本次试验效果整体来说显而易见，采用此项技术，获得的经济效益非常可观。

第二节　微生物饲料在牛饲料中的应用

牛是一种草食动物，所以在获得同等营养价值牲畜产品的情况下所消耗的精料量与猪、禽相比要少很多。美国农业部资料显示，主要畜禽需要的精料比率分别为：鸡 97%、猪 86%、奶牛 35%、肉牛 20%、兔 12%、羊 11%。基于这方面的考虑，如果想要持续稳定发展牲畜、禽蛋市场，应把重点放在畜牧业上，大力发展农业资源利用效率，这对促进畜牧业向技术集成型、资源高效利用型、环境友好型转变的必然性选择提供了理论支持。发展养殖业离不开饲料的辅助作用，因此牛饲料中微生物添加剂的广泛应用也成为趋势。

一、微生物饲料在奶牛饲料中的应用

（一）奶牛饲料产品定位

1. 适用对象与产品类型

我国养殖奶牛的品种主要是荷斯坦奶牛，其按照自身的生长发育规律可划分为四个阶段，即犊牛、生长后备牛、泌乳牛和干奶牛。针对这四个时期，每个阶段的饲料产品也是不同的，分别是犊牛前期饲料（开食料，0～2月龄）、犊牛后期饲料（3～6 月龄）、生长后备前期饲料（7～18 月龄）、生长后备后期饲料（19～30 月龄）、泌乳期饲料（泌乳前期饲料、泌乳中期饲料、泌乳后期饲料）和干奶期饲料（干奶前期饲料、干奶后期饲料）。

2. 产品形式

我国奶牛的养殖规模存在差异，主要是以奶牛数量来决定的，既有数量众多的大、中型奶牛养殖场，也有数量相对较少的小范围奶牛养殖小区。正是由于这个差异，一般大规模牛场选择的饲料主要是预混料和浓缩料，而中、小型牛场和奶牛养殖小区主要采用的是精料补充料和浓缩料，但是犊牛颗粒料应用范围广泛，各类奶牛养殖者都可以进行选择。基于这些因素的考虑，奶牛养殖者在进行微生物饲料饲养时可根据实际情况选择需要的和适合的饲料。

3. 品质要求

犊牛前期要选择的饲料需要具有适口性好、易消化吸收和一定的抗腹泻的功能，因此在进行微生物饲料的选择时要以这些特点为出发点。正常饲养条件下，30d断奶，精料采食达到1kg，60d体质量达到75～85kg；犊牛后期饲料能促进瘤胃迅速发育和骨骼的快速生长，3～6月龄的平均日增体质量甚至可以达到500～800g。

生长后备奶牛前期微生物饲料的使用可以使6～12月龄奶牛每月平均增高1.89cm，12～18月龄平均每月增长1.93cm，14月龄体质量达到375kg，并能正常发情、受孕；生长后备奶牛后期饲料可使19月龄到第一胎产犊前平均每月增高0.74cm，平均日增体质量约500g，怀孕后期达1000g。

干奶牛期喂养微生物饲料能减少产后低血钙症的发生，并使干奶期内体况评分由3.25分增加到3.75分。

泌乳牛前期喂养微生物饲料能尽量减少由于能量负平衡所带来的体质量损失情况的发生，这样就有利于保持瘤胃正常的生理功能和奶牛的健康成长，避免产后疾病和代谢病的发生，乳品质更加符合有关质量的要求；泌乳中期通过喂养适量饲料可以保证奶牛具有稳定下降的泌乳曲线，也就是每月的产奶量下降率保持在5%～8%，同时应保持日增体质量达到0.25～0.50kg;泌乳后期饲料的作用一方面要保证产奶量和营养的需要，另一方面还应保持日增体质量达到0.5～0.7kg，干奶时体况评分要达到3.0～3.25分。

奶牛微生物饲料的喂养固然重要，但也要配合其他饲料的共同作用。以下几个问题需要注意：一是非蛋白氮提供总氮含量需要低于饲料总氮量的10%；二是添加液体蛋氨酸和羟基蛋氨酸钙时，蛋氨酸含量可以根据实际情况进行降低；三是犊牛饲料中不应该有尿素等非蛋白氮饲料的添加；四是精料粗蛋白水平与配套使用的粗饲料品质密切相关，粗饲料品质好，如为优质苜蓿、优质全株玉米青贮，精料粗蛋白水平可为12%～15%。粗饲料品质中等，如为优质羊草、花生藤、玉米秸秆青贮，精料粗蛋白水平可为15%～18%。粗饲料品质差，如为玉米秸秆、稻草、豆秆、麦秸，精料粗蛋白水平可为18%～23%。至于其他的指标，如产奶净能等，有以上类似的情况，只需要酌情调整即可。

另外，日粮中钼、硫和铁的含量过高会影响铜的吸收，从而需要增加铜的需要量；日粮中含有致甲状腺肿的物质会导致碘的需要量增加；大部分饲料含有足够的铁，可以满足成年牛的需要，当日粮中含有棉酚时，可导致铁的需要量增加；使用有机微量元素添加剂时，微量元素值可以相应降低。

（二）奶牛饲料原料的选用

1. 常规原料的选用

奶牛常规饲料原料在选用过程中需要考虑四个方面的因素，即种类数量、单个品种用量、总量限制及质量要求。奶牛精饲料应由4～5种以上的能量和蛋白质饲料原料共同组成。玉米等谷物添加剂在精饲料中的含量应有所控制，因为这些原料会加速乳脂的松软程度，而松软的乳脂将会迅速酸败，这样就导致饲料无法使用。另外，黄豆类原料的使用量也需要控制，因为它的脂肪含量很高，较高的脂肪含量将会降低乳中蛋白质的含量。米糠脂肪含量高，夏季更容易酸败，而且还容易染上黄曲霉，因此不适合长期贮存。花生粕粗蛋白含量与豆粕相比要高一些，但氨基酸却表现得很不平衡，花生粕也很容易污染黄曲霉。菜籽粕的适口性相对差一些，因此犊牛和孕牛不适合喂给。主要原料的最大用量：玉米、小麦、大麦等籽实60%，大豆饼25%，葵花籽饼10%，油菜籽饼8%（含有促甲状腺肿素），花生饼15%，棉籽饼15%，玉米副产品40%，小麦副产品25%，米糠15%，大麦胚芽10%，椰子产品30%，干酒糟25%。为提高适口性，在配合精料时可选用甜菜渣、糖蜜等饲料原料，为防止腹泻，成母牛最大量为15%，犊牛最大量为5%。

2. 奶牛饲料添加剂选用

饲料添加剂是现代饲料工业中广泛使用的原料，对于配合饲料的饲养效果有着重要作用。营养性饲料添加剂和一般饲料添加剂及药物选用应符合农业部《饲料添加剂使用规范》和《饲料药物添加剂使用规范》。

（三）奶牛饲料配方的运算

1. 精料补充料配方的运算

精料补充料由能量饲料、蛋白质饲料、常量矿物质饲料、微量元素和维生素添加剂、瘤胃调控添加剂等组成，在充分考虑粗饲料品质状况和产品定位的基础上，利用计算机及专门用于设计饲料配方的软件在可选的饲料原料范围内，设计出效果佳、成本低的精饲料配方。

2. 奶牛浓缩饲料配方的运算

奶牛浓缩饲料通常是指精料补充料中除去能量饲料原料的剩余部分，主要组成部分是蛋白质饲料原料和添加剂预混合饲料，通常情况下蛋白质饲料原料占70%～90%，添加剂预混合饲料占10%～30%。浓缩饲料一般占混合精料的30%～50%，为了在使用上更方便一些，最好使用整数如40%、45%。计算时可在精料补充料的百分比组成中，适量去掉一些能量饲料，这样就可以在最后将剩余各组分换算成百分比组成。

二、微生物饲料在肉牛饲料中的应用

（一）肉牛饲料产品定位

1. 适用对象与产品种类

农区规模肉牛养殖品种主要是夏洛来、利木赞或与本地牛杂交的改良牛、奶公牛和淘汰奶牛，以架子牛舍饲育肥为主，少数规模饲养场进行小白牛育肥或周岁出栏育肥。与此发展模式相适应，可以开发的肉牛饲料产品有：犊牛开食料（0～3月龄）、犊牛育肥饲料（3～12月龄出栏）、生长牛饲料（4月龄到快速育肥前）、母牛饲料、架子牛育肥饲料（育肥前期饲料、育肥中期饲料和育肥后期饲料）等。

2. 产品形式

犊牛开食料用于犊牛哺乳期和断奶前后，促进犊牛由以乳或代乳品为主向完全采食植物性饲料过渡，以制成粉状精料补充料或颗粒配合饲料为宜，颗粒直径不应过大，一般为0.32cm左右。

生长牛的微生物饲料喂养用于犊牛断奶后生长阶段或肉牛吊架子阶段（肉牛在强度育肥之前，限制精料给量，多喂粗料，俗称吊架子）。专业育肥牛场一般不进行吊架子饲养，生长牛以农户散养或放牧为主，精料补充料市场需求量小，以1%～5%的预混合饲料形式供应养殖集中区为宜。母牛饲料与此情况基本相同。

架子牛育肥微生物饲料在肉牛饲料中占主要地位。

（二）肉牛微生物精饲料营养水平设计

在应用这一设计时应注意三个问题：一是非蛋白氮提供总氮含量应低于饲料总氮量的10%；二是添加液体蛋氨酸和羟基蛋氨酸钙时，蛋氨酸可以减少；三是犊牛饲料中不应添加尿素等非蛋白氮饲料。

（三）肉牛微生物饲料原料的选用

玉米、小麦与小麦麸是肉牛精料中常用的能量饲料原料，可占精饲料的60%～70%。玉米、小麦在日粮中含量应低于40%。

豆粕、棉籽粕、亚麻粕、花生粕、葵花籽粕、菜籽粕和椰子粕等植物性蛋白质原料可占精饲料的1/4左右。豆粕含有丰富的蛋白质且品质好，价格相对较高，一般添加5%～10%；花生粕日喂量不宜超过3kg；由于瘤胃微生物的作用，对游离棉酚的耐受性较强，因此棉籽粕可作为肉牛育肥的主要蛋白质原料。与棉籽粕一样，菜籽粕也是肉牛良好的蛋白质原料。棉籽粕、菜籽粕在犊牛、青年牛育肥精料中可以添加5%～15%。

不能选用肉骨粉、骨粉、血粉、血浆粉、动物下脚料、动物脂肪、干血浆及其他血液制品、蹄粉、角粉、鸡杂碎粉、羽毛粉、油渣、鱼粉、骨胶等除乳制品外的动物源性原料。

（四）肉牛饲料配方的运算

肉牛饲料配方可参照奶牛饲料配方进行运算。

（五）微生物饲料在肉牛中的使用效果评价

肉牛饲料效果主要从以下几方面进行评价。

1. 适口性

适口性是评价饲料质量的一个非常重要的方面，它可以直接影响动物的采食量，从而使生产效率受到一定影响。肉牛饲料适口性不佳的比较常见的一些原因有：使用含单宁、芥子碱等抗营养因子的原料过多；饲料霉变与油脂氧化酸败；添加酵母粉、氨基酸下脚料、酿酒、酱油工业副产品等具有明显刺激性气味的原料过多，等等。品质好的微生物饲料饲喂肉牛后，牛会表现出喜欢采食、粗饲料进食量增大等明显的特征。

2. 增重速度

增重速度是衡量肉牛饲料质量的最主要的指标之一，肉牛增重速度受品种、性别、生长阶段、育肥方式、饲喂方式和气候环境多种因素的影响，需要科学分析评价。

3. 健康状况

品质好的精料饲喂肉牛后，肉牛表现为被毛光亮，肢蹄健壮，神态正常，无异食癖，犊牛生长发育良好，母牛繁殖正常。

4. 粪便状态

品质好的精料饲喂肉牛后，肉牛粪便的形态、颜色表现正常，排泄量少，无颗粒状。肉牛正常粪便具中度的粥样黏稠度，可形成一个圆顶形堆积体，高度为2.5～4.0cm。油光发亮且发软。粪便异常，如粪便堆积较高、较低或不成形，颜色呈灰色、黑色和带血样等，可能与饲料本身有关，也可能与肉牛的健康及治疗用药有关，要仔细分析判断。

第三节 微生物饲料在羊饲料中的应用

饲料是发展畜牧业的物质基础之一，畜禽生长需要的多种营养，都是依赖含有丰富营养的饲料来供给的。饲料生产是一个时间长、环节多的复杂过程。在整个生产过程中存在着许许多多被微生物污染的可能性，微生物已渗透到饲料生产、调制、贮存、运输、饲养等各个环节。本节内容主要介绍的是羊的饲料喂养技术。

一、种公羊精料应用技术

1. 投料方案

(1) 非配种期喂饲。非配种期饲养以恢复和保持良好种用体况为目的。配种刚结束的1～2个月，保持与配种期基本一致的日粮，可适当增加优质青干草或青绿多汁饲料的比例，根据体质恢复情况逐渐转为非配种期日粮。夏季以放牧为主，每天放牧4～6h，每天每只喂饲精料0.5kg；冬季每天每只喂饲精料0.5～1kg，干草3kg，胡萝卜0.5kg，分3～4次饲喂，饮水1～2次。

(2) 配种期喂饲。配种期饲养可分为配种预备期（配种前1～1.5个月）和配种期两个阶段。配种预备期按配种期精料喂量的60%～70%给予，逐渐过渡到配种期的精料给量。配种期每天每只喂饲精料1.2～1.4kg，苜蓿干草或野干草2kg，胡萝卜0.5～1.5kg，分2～3次饲喂，饮水3～4次。

2. 保障饲料效果管理要点

(1) 提供适宜的环境条件。每只种公羊需要圈舍1.5～2m^2，运动场面积不低于圈舍面积的2倍，圈舍应清洁、干燥，阳光充足，空气流通，地面坚实，适宜温度18～20℃。夏季需采取洗澡、间隔喷水、通风的方式予以降温。冬季舍内要铺设垫草，确保羊舍的保暖。每天清扫1次羊舍，保持羊体清洁卫生。

(2) 适当运动。种公羊适当运动可促进食欲，增强体质，提高性欲和精子活力。夏季运动选在早、晚各1次，冬季在中午进行，每次运动0.5～1h，配种期适当减少，非配种期适当增加。

(3) 定期检查精液品质。每隔7～10d检查1次精液品质，根据精液品质适时调整饲喂方案和利用强度。对精液稀薄的种公羊，可提高日粮中蛋白质饲料的比例。当出现种公羊过肥、精子活力差的情况时，要加强种公羊的放牧和运动。

二、羔羊精料应用技术

1. 投料方案

羔羊精料适于10～90日龄羔羊。羔羊出生后6d以内的主要食物是初乳，喂量至少要占体质量的1/5。人工饲喂不熟练时，可由母羊哺乳，之后再人工哺乳。每昼夜随母哺乳不能少于6次，人工哺乳不能少于4次。6d后可改喂全奶，直到40日龄左右，喂量以羔羊吃饱为度，同时可让羔羊较早地自行采食少量精料和干草。41～80d奶、草、料并重，81～120d以草、料为主。若有优质干草，并有精料补充，可提早到60日龄断奶，不会影响羔羊的发育，羔羊日饲喂精料量如表4-5所示。

表4-5 羔羊日饲喂量参考表

日龄/d	1～6	7～15	16～30	31～40	41～50	51～60
奶或代乳品	初乳		常乳			断奶
开食料/g		诱食	60～100	100～150	150～200	200～250

乳中水分不能满足羔羊需要，要供给充足的清洁饮水，可在圈内设置水槽，任其自由饮水，冬季水温不低于15℃。

2. 保障饲料效果管理要点

（1）环境条件。羔羊棚舍温度以10℃左右为宜，棚舍应保持良好的通风换气，特别是对7日龄后的羔羊，选择无风、温暖的晴天把羔羊赶到户外进行运动，以增强体质，增进食欲，促进生长，减少疾病。羔羊放牧的牧地距羊舍要近，牧草草质要好；训练羔羊，让羔羊不乱跑、听指挥。但要注意放牧时，不能让羔羊吃露水草，不能让羔羊被雨淋湿，以免生病造成身体抵抗力下降。

（2）去角。有角公、母羊都须去角。可在羔羊出生后5～7d进行。

（3）驱虫。放牧羔羊易患寄生虫病，一般选用丙硫咪唑、左旋咪唑、阿维菌素治疗；体表寄生虫一般治疗方法为药浴，目前药浴使用的药品主要为敌杀死和除癞灵。

（4）疫病预防。羔羊阶段易发痢疾、肠毒血症、羊脓包性口膜炎等，要根据当地疫病流行情况做好疫苗注射工作；在产羔期内对圈舍定期消毒，更换垫草，保持良好的卫生环境。对病羔应设隔离圈单独饲养。

三、奶山羊育成期精料应用技术

1. 投料方案

喂给充足的优质青干草，再加上充分的运动，是育成羊饲养的关键。断奶后至8月龄，每天在喂饲充足的优质干草的基础上，补饲精料250～300g，要求日粮中可消化粗蛋白的含量不低于15%。以后，如青粗饲料质量好，可以少给甚至不给精料。

2. 保障饲料效果管理要点

除对高产羊群做好个别照顾外，必须做到大小分群和各种不同情况的分群饲养，以利定向饲养，促进生长发育。育成羊应按月固定抽测体重，借以检查全群的发育情况，以便调整喂饲方案。

四、妊娠母羊精料应用技术

1. 投料方案

妊娠母羊消化能力强，前期胎儿增重较慢，营养需求不高，可自由采食干草，每天每只补饲精料2～3次，每次50～100g，青年母羊喂饲量可适当增加。

2. 保障饲料效果管理要点

妊娠母羊要加强管理，防拥挤、跳沟、惊群、滑倒，日常活动要慢、稳。禁止喂饲马铃薯、酒糟和未经去毒处理的棉籽饼或菜籽饼，不能喂饲霉烂变质、过冷或过热、酸度过大的饲料，以免引起母羊流产、难产和发生产后疾病。

五、奶山羊泌乳期精料应用技术

1. 投料方案

（1）泌乳前期喂饲。泌乳前期包括泌乳初期和泌乳高峰期。母羊产后15d内为泌乳初期，饲养上以恢复体力为主。主要喂饲优质嫩干草，并依据母羊体况肥瘦，乳房膨胀程度，食欲表现，粪便形状和气味，灵活确定精料和多汁料的喂量。一般产后4～7d，每天喂饲麸皮0.1～0.2kg，青贮饲料0.3kg；产后7～10d，每天喂饲精料0.2～0.3kg，青贮饲料0.5kg；产后10～15d，每天喂饲精料0.3～0.5kg，青贮饲料0.7kg；15d后，逐渐恢复到正常喂量。青绿多汁饲料和精料等有催奶作用，不宜饲喂得过早、过多，否则会影响母羊体质和生殖器官的恢复，容易发生消化不良。

为促进采食量和产奶量，要保证母羊自由采食优质干草，适当增加多汁饲料和豆浆喂量，饲喂要定时定量，少给勤添，保证充足饮水。

（2）泌乳中期喂饲。产后120～210d为泌乳中期，本阶段具有较高的采食量，产奶量不再增加，较前期营养需求低，每产4kg奶需喂饲1kg以下的精料，保证清洁的饮水，每产1kg奶需饮水2～3kg，日需水6～8kg。

（3）泌乳后期喂饲。产后210d至干奶为泌乳后期，产奶量显著下降，饲养上要想法使产奶量下降得慢一些；此期精料的减少，要在奶量下降之后，每产1kg奶需要喂0.15～0.2kg的精料。

2. 保障饲料效果管理要点

（1）提供适宜的环境条件。奶山羊耐热性较差，夏季要创造凉爽小环境，减少高温对奶山羊的危害。适时采取搭凉棚、舍内安装电风扇，保证温度不超过30℃，湿度不超过65%～70%；冬季要注意防寒保暖，门窗要加盖塑料布或草帘，使舍内温度达到8℃以上，相对湿度一般在55%左右。

（2）充足饮水。供给充足、新鲜、洁净的饮水，以满足机体消耗和泌乳的需要。

（3）适当运动。运动能增强体质，增加产奶量。

（4）科学挤奶。挤奶对产奶量和奶的质量都有明显影响。

（5）驱虫。每年应在春、秋两季各驱虫1次，有体外寄生虫时应及时进行药浴。

（6）搞好消毒和疾病预防工作。加强消毒工作，对地面、用具、车辆、环境等应定期清扫消毒。为防止常见传染病，保持羊群的安全和健康，每年在春、秋两季应做好相关疫苗预防注射。

第四节　微生物饲料在鸡饲料中的应用

作为原料来源的活体就可能带有致病性微生物；在加工过程中原料之间的交叉污染；加工者携带的致病性微生物也可能进入饲料；在销售中会通过器具或其他途径污染致病性微生物。总之，与饲料有直接和间接关系的致病性微生物都可能污染饲料。饲料中的微生物按其功能可分为：致病微生物、有益微生物、相对致病微生物和非致病性微生物。其中黄色葡萄球菌、单核细胞增生李斯特氏菌等均可以通过饲料对动物和人类产生危害。肠亚属弯曲菌是一种革兰阴性菌，它是导致动物肠炎的主要病原，常常能从健康的鸡身上分离出这种细菌。沙门氏菌能引发猪霍乱、鸡白痢、羊和马流产、仔猪化脓性脑膜炎、禽败血症和许多人畜共患病。所以，在日常的鸡饲养过程中要特别注意这些问题。

一、蛋鸡饲料应用技术

蛋鸡饲料按不同的生长阶段和生产性能可分为育雏期蛋鸡饲料（0～6周龄）、育成期蛋鸡饲料（7～18周龄）和产蛋期蛋鸡饲料（19～72周龄）3类。其中，育成期蛋鸡饲料又可分为育成前期蛋鸡饲料（7～12周龄）和育成后期蛋鸡饲料（13～18周龄）两种；产蛋期蛋鸡饲料可细分为产蛋前期蛋鸡饲料（19～35周龄）、产蛋中期蛋鸡饲料（36～48周龄）和产蛋后期蛋鸡饲料（49～72周龄）三种。

（一）育雏期蛋鸡饲料应用技术

育雏是蛋鸡生产中的关键阶段。生产实践表明，5周龄时雏鸡的体重对以后的生产性能有很大的影响，体重相对较大的雏鸡在性成熟后的产蛋性能、成活率和饲料效率都优于体重偏小的雏鸡。

1. 投料与饮水方案

（1）雏鸡开食。雏鸡第一次喂食称为开食。开食时间一般掌握在24～36h，初饮后10～30min进行。开食并不是越早越好，雏鸡胃肠软弱，过早开食有损于消化器官。但是开食过晚有损体力，影响正常发育。当有1/3的雏鸡随意走动，有啄食行为时开食效果较好。雏鸡开食以颗粒料最为理想。如果使用粉状配合饲料，可以拌湿。育雏第1天要多次检查雏鸡的嗉囊，杜绝个别雏鸡出现假开食现象。

（2）雏鸡的喂饲。雏鸡采食有模仿性，一旦有几只学会采食，很短时间全群都会采食。开食应在平面上进行，用专用开食盘或将料撒在纸张、蛋托上，轻轻敲打引诱雏鸡啄食，10d后的雏鸡要逐步引导使用料桶或料槽，15d后完全更换为料桶或料槽。应少喂勤添，一般1～2周每天喂5～6次，3～4周每天喂4～5次，5周以后每天喂3～4次。控制饲料饲喂后约20min能够吃完。每天至少要清洗1次喂料工具，必要时进行消毒处理。尽量避免雏鸡踩进盘内并在盘内排粪，以减少对饲料的污染。

（3）雏鸡初次饮水。初生雏鸡接入育雏室后，第一次饮水称为初饮。雏鸡在高温的育雏条件下，很容易造成脱水，因此初饮应在接入育雏室后尽早进行。雏鸡初饮应安排在开食之前，对于无饮水行为的雏鸡应将其喙部浸入饮水器内以引导其饮水。初饮用水最好用凉开水，水温在25℃左右。

（4）雏鸡饮水质量与数量要求。雏鸡饮水要干净，10日龄前最好饮用凉开水，以后可换用深井水或自来水。最初几天的饮水中，通常加入0.01%左右的高锰酸钾，有消毒饮水、清洗肠胃、促进雏鸡胎粪排出的作用。注意：补液盐、维生素C不要与抗生素混合使用。

饮水器的数量要足够，在每天有光照的时间内尽可能保证饮水器具中有水且饮水器的高度适宜，饮水器的水盘边缘与鸡的背部高度相近。若鸡群的饮水量突然增加，而且采食量减少，则可能发生了球虫、传染性法氏囊等病或饲料中盐分含量过高等，见表4-6。

表4-6　雏鸡饮水量参考标准［mL/（d·只）］

周龄	1	2	3	4	5	6
饮水量	12～25	25～40	40～50	45～60	55～70	65～80

2. 提高饲料效果管理要点

（1）温度控制。温度直接关系到雏鸡体温调节、运动、采食和饲料的消化吸收等。雏鸡调节能力差，温度低很容易引起堆积而造成死亡。雏鸡活动区域内的温度要求：1～3日龄33～35℃；4～7日龄31～33℃；第2周29～31℃；第3周27～29℃；第4周25～27℃；第5、6周不低于22℃。温度计水银球以悬挂在雏鸡背部的高度为宜，平养距垫料5cm，笼养距底网5cm。

（2）湿度控制。雏鸡从高湿度的出雏器转到育雏舍，要求有一个过渡期。第1周要求相对湿度为70%，第2周为65%，以后保持在60%即可。

（3）通风控制。应依据人员进入育雏室后鼻眼的感受确定是否换气。育雏前期，应选择晴朗无风的中午进行开窗换气。第2周以后靠机械通风和自然通风相结合来实现空气交换。如果气流的流向正对着鸡群则应设置挡板，使其改变方向，以避免鸡群直接受凉风袭击。

（4）光照控制。育雏期前3d，采用24h光照制度，白天利用自然光，夜间补充光照。需要在四周墙壁靠1m高度的位置安装适量灯泡，以保证下面2层笼内能够接受合适的光照。光的颜色以红色或弱的白炽光照为宜，能有效防止啄癖发生。

（5）饲养密度控制。在合理的饲养密度下，雏鸡采食正常，生长均匀一致。密度过大，则生长发育不整齐，易感染疫病和发生啄癖，死亡率较高。

（6）断喙。蛋鸡饲养周期长，在笼养条件下很容易发生啄癖（啄羽、啄肛、啄趾等）。断喙时间一般安排在7～15日龄进行。断喙要用专门断喙器来完成。断喙长度一般是上喙切去1/2（喙端至鼻孔），下喙切去1/3，断喙后雏鸡下喙略长于上喙。

（7）做好记录。每日记录的内容有雏鸡死亡数、耗料量、温度、防疫情况、饲养管理措施、用药情况等，便于对育雏效果进行总结和分析。

（二）育成蛋鸡饲料应用技术

育成期蛋鸡的性成熟时间、体质量和群体发育整齐度会严重影响开产时间、初产蛋重与产蛋高峰期持续时间及产蛋期的死淘率。生产中一般要求育成前期鸡的体重可以适当高于推荐标准，育成后期则控制在标准体重范围的中、上限之间。16或17周龄鸡群至少有80%的个体体重在平均标准体重±10%的范围内，一般在生产中把19～20周龄作为育成期向产蛋期转换的时间。

1. 投料方案

（1）饲料选用。根据蛋鸡育成期前期和后期生理特点及培育目标的差异，可按7～12周龄和13～18周龄两阶段划分选用饲料。由育雏期蛋鸡饲料转换为育成前期蛋鸡饲料时应循序渐进。

（2）喂饲次数。育成前期为了促进鸡的生长，每天喂饲2～3次；育成后期每天喂饲1～2次。一般随周龄增大，喂饲次数减少。需要注意的是，采用笼养方式时由于料槽容量小，每天喂饲2～3次；采用平养方式使用料桶喂饲，则每天喂饲1次。

（3）喂饲量控制。喂饲量控制的目的是控制鸡的体重增长。通常要根据育种公司提供的鸡体重发育和饲料喂饲量标准安排喂饲量。

2. 提高饲料效果的管理要点

（1）光照控制。光照控制包括光照时间控制和光照强度控制，光照时间控制有固定短光照方案和逐渐缩短光照时间两种方式。

固定短光照方案是育成期内每天的光照时间控制在8～10h或在育成前期（7～12周龄）把每天的光照时间控制在10h，育成后期控制在8h。这种方案在密闭鸡舍容易实施，而在有窗的鸡舍内需要配备窗帘，在早晚进行遮光。

逐渐缩短光照时间方案一般在有窗鸡舍使用。育成初期（10周龄前）每天光照时间15h，以后逐渐缩短，16周龄后控制在每天12h以内。

（2）温度控制。15℃～28℃对于育成鸡是非常适宜的。注意冬季尽量使舍温不低于10℃，夏季不超过30℃。

（3）通风和湿度控制。保证良好的空气质量，时常通风换气，降低湿度。需要注意的是，冬季时不要让冷风直接吹到鸡身上。

（4）饲养密度。饲养密度因饲养方式不同而有差异。笼养：单笼饲养5～6只，每组饲养120～140只；网上平养与地面垫料平养：18～20只/m^2。

（5）安全转群。蛋鸡饲养一般分别在6～7周龄和17～18周龄时进行两次转群。由育成鸡舍转入产蛋鸡舍，转群前应对新鸡舍进行彻底的清洁和消毒。争取转群在尽可能短的时间内顺利完成。

（6）体质量和均匀度的控制。体质量在平均标准体重±10%的鸡数占抽测鸡数的百分比，10周龄时应至少达到70%；15周龄时至少要达到75%；18周龄时至少要达到80%。与标准体重的差异应不超过5%，变异系数越大，整齐度越差，造成生产性能降低。可采取分群管理的方法，加以纠正。

（三）产蛋期蛋鸡饲料应用技术

1. 投料与饮水方案

（1）饲料选用。对于18～22周龄预产阶段的蛋鸡，使用粗蛋白质含量为15.5%～16.5%、钙含量为2.2%左右、代谢能为11.6MJ/kg左右的预产期饲料，当产蛋率达到5%～10%时换用产蛋期饲料；根据蛋鸡的产蛋规律和各个时期的生理特点，21～35周龄、36～48周龄和49～72周龄分别选用产蛋前期、中期和后期蛋鸡饲料。

（2）喂饲量。产蛋前期（性成熟后至产蛋高峰结束）要促进采食，产蛋后期适当控制饲喂。气温低时，鸡的采食量应增加；上高峰提前增，下高峰推迟降；当喂饲量增加到115g/（d·只）后，稳定1周，再把喂饲量增加到118g/（d·只），如果下周产蛋率上升则继续增加喂饲量［递增2～3g/（d·只）］；否则停止增加喂饲量。产蛋高峰过后2周开始实行限制饲喂，减少量不得超过8%～9%。

每周添加一次沙粒，每次10～15g/只，直接撒在料槽内。

（3）饲喂次数。预产期蛋鸡采食量明显增加，日饲喂次数可确定为2～3次。但是饲喂量应适当控制，防止营养过高导致脱肛鸡的出现。日饲喂3次时，第一次饲喂应在早上光照后2h进行，最后一次在光照停止前2h进行，中间加1次。喂料量以早、晚两次为主。

（4）饮水。饮水量是采食量的2～3倍，要保证水质清洁和饮水设备的卫生。

2. 提高饲料效果的管理要点

（1）温度控制。蛋鸡生产的适宜温度为15～25℃。温度低于15℃饲料效率下降，低于10℃不仅影响饲料效率，还影响产蛋率；高于25℃蛋重降低，超过30℃出现热应激，严重影响产蛋性能，甚至出现中暑。生产中注意预防夏季热应激和冬季冷应激。关注天气预报，一旦出现恶劣天气，要提前做好防范工作。

（2）湿度控制。产蛋鸡舍相对湿度保持在60%左右，生产中主要是防止相对湿度偏高。

(3) 通风换气。产蛋鸡舍要保持良好的空气质量，氨气、硫化氢的含量不能超标。良好的空气质量主要通过工作人员的感官感受来衡量，应无明显的刺鼻、刺眼等不舒适感。

(4) 光照控制。参照育成鸡群的光照时间增加方案，在产蛋初期随着产蛋率增加，光照时间也增加，26 周龄鸡群产蛋率达到高峰，每天光照时间也应该达到 16h 并保持恒定，不可缩短。在鸡群淘汰前 5 周可以将每天的光照时间延长至 17h。光照要均匀，强度不可减弱。产蛋鸡的适宜光照强度在鸡头部位为 10lx。

(5) 商品蛋的收集。一般每天收集 3 次，分别为上午 11 时，下午 2 时、6 时。

(6) 减少应激。进入产蛋高峰期，一旦受到外界的不良刺激，如异常的响动、饲养人员着装更换、饲料的突然改变、断水、断料、停电、疫苗接种等，就会出现惊群，发生应激反应，造成采食量和产蛋率同时下降。在日常管理中，要保证舍内安静，避免噪声，饲养人员与工作服颜色要稳定不变，杜绝老鼠、猫、狗等小动物和野鸟进入鸡舍。开产前要做好疫苗接种、驱虫工作，产蛋高峰期不能进行这些工作。

(7) 加强防疫，抗体水平监测。只要蛋壳颜色变浅，就要及时检测新城疫抗体。根据季节、疫情合理使用药物预防疾病，接种以饮水、喷雾方式为主，注射接种只适用于紧急接种，以减少应激刺激，防止产蛋量下降。

(8) 及时淘汰鸡。55～60 周龄时对鸡群逐只挑选，淘汰低产、停产、病鸡、过肥、过瘦及其他有缺陷的鸡。

(9) 注意观察鸡群、粪便和产蛋情况。一般喂料时观察鸡的采食情况、精神状态（冠的颜色、大小、眼的神态等）、是否伏卧在笼底等。正常的鸡粪为灰褐色，上面覆有一些灰白色的尿酸盐，偶有一些茶褐色枯粪为盲肠粪。若粪便发绿或发黄并且较稀，则说明有感染疾病的可能。拣蛋时将破蛋、薄（软）壳蛋、双黄蛋单独放置，拣蛋后应及时清点蛋数并送往蛋库，不能在舍内过夜。

二、肉仔鸡饲料应用技术

（一）投料与饮水方案

1. 饲料选用

肉仔鸡饲料多采用 3 段制。0～3 周龄选用前期料，4～5 周龄选用中期料，6 周龄至出栏选用后期料。也有使用 2 段制的，4 周龄为分界点。应当注意，各阶段之间在转换饲料时，应逐渐更换，有 3～5d 的过渡期，若突然换料易使鸡群出现较大的应激反应，引起鸡群疾病。

2. 饲喂

肉仔鸡饲喂原则是让其采食充足，摄入足够的料量。

(1) 开食。开食时间应掌握在出壳后 24～36h，要求先饮水，后开食。当有 60%～70%的雏鸡随意走动，有啄食行为时开食最为合适。开食料最好用全价破碎颗粒饲料，既保证营养全面，又便于啄食。如使用粉料，则应拌湿后再喂。

(2) 喂饲次数。1～3 日龄雏鸡可将饲料撒在开食盘或干净的报纸或塑料布上饲喂，每隔 2h 喂 1 次。每次的饲喂量应控制在雏鸡 30min 左右能采食完毕，从每只鸡 0.5g/次开始，逐渐增加。4 日龄开始逐步换用料桶饲喂，减少在报纸和塑料布上的喂料量。7～8 日龄后完全用料桶饲喂。一般每20～30只鸡需要 1 个料桶，通常每天可以加 2～3 次饲料，让鸡自由采食。注意经常调整料桶高度，使其边缘与鸡背高度相同，减少饲料浪费。1 周后，如果使用自动喂料设备，应每隔 3h 开动一次设备，让鸡群采食。

3. 饮水

雏鸡进舍后 1～2h 进行初饮。初饮水应为凉开水，水温为 20～35℃。初饮用 0.01%的高锰酸钾的水，以清洗肠胃和促进胎粪排出。半小时后改为 2.5%葡萄糖+0.015%维生素 C 的水，连用 3～4d。每天使用 2 次，每次 2h。初饮时可将雏鸡轻轻抓住，将喙深入水中 3～4 次，部分鸡学会饮水，其余鸡则跟着学会。

整个生长期采用全天自由饮水。要确保饮水器不漏水，每天清洗、消毒 1 次。0～15 日龄用小型真空饮水器，16～28 日龄用中型或大型真空饮水器，29 日龄改为吊塔式自动饮水器。

使用乳头式饮水器，雏鸡进舍前调节好水压，保证每个乳头都有水珠出现，吸引雏鸡饮水。水质不好的地区，乳头式饮水器易出现漏水、堵塞。饮水器的高度要定期调节，使饮水乳头或水盘边缘略高于肉鸡的背部高度。

（二）保障饲用效果的配套措施

1. 温度与湿度

温度和湿度是肉仔鸡重要的环境条件，与成活率、生长速度、饲料利用效率关系密切。合适的温度和湿度可以保持良好的食欲和高的抗病力。肉仔鸡舍的温度和湿度应尽量保持平稳，不可忽高忽低。

2. 光照

一般有窗式鸡舍采用连续光照制度。具体为前两天，每天24h，以后每天23h，夜间开灯补充光照。光照强度逐渐减弱，开始用40W灯泡，1周后换成25W。后期降低光照可以保持鸡群安静，有利于增重，防止啄癖发生。密闭式鸡舍可以采用间歇式光照制度，1～2日龄24h光照，3～7日龄23h光照，1h黑暗，逐渐训练鸡适应黑暗。第2周开始采用1h光照、3h黑暗交替进行。既可以保证休息，有利于增重，又节省电能。

3. 舍内空气质量

肉仔鸡舍要求无明显的刺鼻气味。可根据风向调节开窗位置，如果通风与保温发生冲突时以通风为主，温度取下限保温值即可。

4. 肉鸡饲养密度

合适的饲养密度可以保证均匀采食、生长均匀一致和高的成活率。生产中第一次扩群应在8日龄左右，平养鸡群可将围圈拆除；第二次扩群应在12～18日龄，可将鸡群逐渐向空闲处疏散；第三次扩群约在22日龄，可将鸡群扩满整个鸡舍，夏季可适当提前。

5. 分群管理

分群管理有助于提高肉鸡的均匀度、合格率和成活率。每周结束都要根据生长情况，对肉仔鸡进行强弱分群。对弱小群体加强饲养管理，提高其成活率和上市体重。有条件的还可以进行公母分群，分开上市。公鸡生长快，使用蛋白质高的饲料效果更好。

6. 垫料的管理

选择比较松软、干燥、吸水性良好和释水性垫料，既能容纳水分，又容易随通风换气释放鸡粪中的大量水分。垫料应灰尘少，无病原微生物污染，用前要暴晒，防止发霉。垫料在鸡舍熏蒸消毒前铺好，进雏鸡前应先在垫料上铺上报纸，以便雏鸡活动和防止雏鸡误食垫料。采用地面平养，要定期更换或增铺垫料，勤翻动、保持松软、确保地面干燥，以垫草不霉变、氨气不大为宜。冬季垫料厚度为8cm，夏季为5cm。

7. 做好肉仔鸡的消毒工作

肉仔鸡消毒应选择刺激性小、高效低毒的消毒剂，如0.02%百毒杀、0.2%抗毒威、0.1%新洁尔灭、0.3%～0.6%毒菌净、0.3%～0.5%过氧乙酸或0.2%～0.3%次氯酸钠等。消毒前提高舍内温度2～3℃，中午进行较好，防止水分蒸发引起鸡受惊。消毒药液的温度要高于鸡舍温度，且在40℃以下。喷雾量按每立方米空间15mL，雾滴要细。1～2日龄鸡群每3天消毒1次，21～40日龄隔天消毒1次，以后每天消毒1次。注意喷雾喷头距离鸡头要有60～80cm，避免吸入呼吸道，接种疫苗前后3天停止消毒，以免杀死疫苗。

第五节 微生物饲料在鸭饲料中的应用

养鸭是我国畜牧业生产的传统产业，也是现代畜牧业生产的重要组成部分。随着养鸭业的迅速发展，对饲料的要求也越来越高，高效安全的饲料已经成为行业发展的必然要求。目前，国内外对在肉鸡、蛋鸡等饲料中加入微生物菌群的试验报道较多，但对在鸭饲料中添加微生物的报道却很少。本节以肉鸭为例，探讨微生物饲料的具体应用。

一、肉鸭饲料的研究概况

随着现代育种技术的发展与应用，肉鸭的生产性能比以前有了大幅度提高，对饲料的要求也越来越高，据统计，饲料成本占养鸭生产总成本的60％～80％，而目前使用的肉鸭饲料大部分为配制饲料，其消化吸收率普遍较低，因此，肉鸭饲料的研究受到了广泛的关注。饲料生产者只有了解各种营养物质的作用以及它们在各种饲料中的准确用量，才能配制出满足肉鸭不同生长阶段营养需求的最佳日粮，从而达到降低饲养成本、提高经济效益的目的。

（一）肉鸭饲料营养需求的研究概况

肉鸭在不同生长阶段，对饲料的营养要求是不一样的。在育雏期，由于仔鸭消化道容积小，消化酶分泌量低，对饲料的机械消化和酶消化能力弱，而此阶段雏鸭生长发育很快，因此应充分满足雏鸭生长发育所需要的各种条件。当雏鸭进入生长育肥期后，生长快，对环境适应能力增强，食欲旺盛，采食量大，此时肉鸭对饲料的要求比育雏期要低。同时，不同肉鸭的营养需求受许多因素的影响，如肉鸭品种和饲养管理条件都会影响其对营养的实际需求量。因此，原则上要按标准配制日粮，但也要根据实际情况和饲养效果，进行适当的调整。肉鸭不同生长阶段的营养需求推荐量见表4-7。

表 4-7 肉鸭饲料的营养推荐量

营养种类	育雏期（0～2周）		生长期（3～5周）		肥育期（6～7周）	
	最低	最高	最低	最高	最低	最高
代谢能（MJ/Kg）	11.70	12.54	12.12	12.96	12.33	12.96
粗蛋白（%）	19.00	21.50	17.50	19.00	16.00	18.00
蛋氨酸（%）	0.38	0.45	0.30	0.38	0.30	0.38
赖氨酸（%）	0.80	1.10	0.60	0.80	0.60	0.80
钙（%）	0.80	1.00	0.80	1.00	0.70	0.90
非植酸磷（%）	0.40	0.42	0.38	0.40	0.35	0.40
总磷（%）	0.55	0.65	0.55	0.65	0.52	0.65

（二）微生物饲料添加剂的应用

为了提高肉鸭饲料的饲养效果、降低饲料成本、提高经济效益，通常需要在肉鸭日粮中加入一些微生态制剂等添加剂。这些添加剂也得到了广泛的应用。

二、微生物饲料对肉鸭生产性能的影响

分别于第1、14、28、42日龄从试验组和对照组中各抽取20只肉鸭对其进行称重、结料，计算平均每只肉鸭的日均耗料量、日均增重和料肉比。

雏鸭微生物发酵饲料（1～14日龄）对肉鸭生产性能的具体影响见表4-8。由表4-8可以看出，试验组和对照组肉鸭的增重分别为590g和585g，从试验数据来说，这一阶段试验组与对照组肉鸭的增重差别不明显，试验组只比对照组多增重了5g。这是因为对照组雏鸭期的饲料营养价值很高，而且营养成分易于消化、吸收。所以，在此喂养阶段，试验组肉鸭的增重与对照组差别不明显。

表 4-8 雏鸭微生物发酵饲料（1～14日龄）对肉鸭生产性能的影响

项目	对照组	试验组
喂养天数（d）	14	14

续表

项目	对照组	试验组
平均初重（g）	50	51
平均末重（g）	635	641
增重（g）	585	590
日均增重（g）	41.79	42.14
耗料量（g）	980	980
日均耗料量（g）	70	70
料肉比	1.68∶1	1.66∶1

中鸭微生物发酵饲料（15～28日龄）对肉鸭生产性能的具体影响见表4-9。

表4-9　中鸭微生物发酵饲料（15～28日龄）对肉鸭生产性能的影响

项目	对照组	试验组
喂养天数（d）	14	14
平均初重（g）	635	641
平均末重（g）	1688	1825
增重（g）	1053	1184
日均增重（g）	75.21	84.57
耗料量（g）	2660	2660
日均耗料量（g）	190	190
料肉比	2.53∶1	2.25∶1

由表4-9可以看出，在耗料量相同的情况下，试验组肉鸭增重1184g，与对照组肉鸭的增重值1053g相比，增重效果更好。这是因为，随着肉鸭的生长，体内的消化功能逐渐完善，肉鸭对饲料的营养要求要比雏鸭阶段低，所以对照组肉鸭喂养的饲料中营养价值在降低。但对于试验组来说，由于微生物发酵饲料中存在着大量的有益菌，可以产生很多酶类物质，如蛋白酶、纤维素酶等，这些酶可以将难以消化吸收的大分子营养物质转化

成易于被肉鸭消化吸收的小分子营养物质，提高了发酵饲料营养价值。从表中的料肉比也能发现，试验组为 2.25：1，而对照组为 2.53：1，说明通过微生物发酵后的饲料具有较高的转化率（料肉比越小，饲料转化率越高），因此，微生物发酵饲料的增重效果在中鸭阶段表现得比较明显。

大鸭微生物发酵饲料（29～42 日龄）对肉鸭生产性能的具体影响见表 4-10。

表 4-10　大鸭微生物发酵饲料（29～42 日龄）对肉鸭生产性能的影响

项目	对照组	试验组
喂养天数（d）	14	14
平均初重（g）	1688	1825
平均末重（g）	2670	2863
增重（g）	982	1038
日均增重（g）	70.14	74.14
耗料量（g）	3360	3360
日均耗料量（g）	240	240
料肉比	3.42：1	3.24：1

由表 4-10 可知，此阶段的肉鸭在耗料量相同的情况下，试验组肉鸭增重 1038g，对照组增重 982g，试验组比对照组多增重了 5.7%，增重效果很明显。从料肉比来看，试验组为 3.24：1，小于对照组的 3.42：1，说明肉鸭微生物发酵饲料在该阶段的转化率要高于对照组的饲料。

微生物发酵饲料（1～42 日龄）对肉鸭生产性能的总体影响见表 4-11。从表 4-11 中可以看出，三种微生物发酵饲料对肉鸭生产性能的总体影响可以概括如下：从增重方面来看，整个试验过程（1～42 日龄），试验组肉鸭的平均增重为 2812g，与对照组的 2620g 相比，提高了 7.33%，说明通过微生物发酵生产的肉鸭饲料具有明显的增重效果；从总体的料肉比来看，试验组为 2.49：1，对照组为 2.67：1，说明肉鸭发酵饲料的转化率较高。与对照组相比，试验组肉鸭生产性能得到提高，达到了本试验的目的。

表 4-10　微生物发酵饲料（1～42 日龄）对肉鸭生产性能的总体影响

项目	对照组	试验组
喂养天数（d）	42	42
平均初重（g）	50	51
平均末重（g）	2670	2863
增重（g）	2620	2812
日均增重（g）	62.38	66.95
耗料量（g）	7000	7000
日均耗料量（g）	166.67	166.67
料肉比	2.67∶1	2.49∶1

三、微生物饲料对肉鸭屠宰性能的影响

从试验组和对照组中各抽取 10 只肉鸭，按照国家畜禽品种委员会制定的“家禽屠宰标准”中的方法和要求分别对其进行屠宰性能的测定，然后计算其平均值，结果如表 4-11 所示。

表 4-11　微生物发酵饲料对肉鸭屠宰性能的影响

指标	对照组	试验组
屠宰率（%）	89.42	89.61
半净膛率（%）	81.31	82.20
全净膛率（%）	74.65	75.35
胸肌率（%）	10.47	10.58
腿肌率（%）	12.04	11.98
胸腿肌率（%）	22.51	22.56
腹脂率（%）	2.69	2.75

从表 4-11 中可以看出试验组肉鸭的屠宰率为 89.61%、半净膛率为 82.20%、全净膛率为 75.35%、腹脂率为 2.75%，与对照组相比，均有所提高，虽然试验组的腿肌率略低于对照组，但从整个胸腿肌率来看，试验组为 22.56%，也略高于对照组的 22.51%。

四、微生物发酵饲料喂养肉鸭的经济效益分析

微生物发酵饲料喂养肉鸭的经济效益分析如表4－12所示。

表4－12　微生物发酵饲料喂养肉鸭的经济效益分析

项目		对照组	试验组
肉鸭增重收入	平均初重（g）	50	51
	平均末重（g）	2670	2863
	平均增重（g）	2620	2812
	单价（元/kg）	5.00	5.00
	金额（元）	13.10	14.06
饲料成本	雏鸭饲料量（g）	980	980
	单价（元/kg）	1.93	1.42
	雏鸭饲料费（元）	1.89	1.39
	中鸭饲料量（g）	2660	2660
	单价（元/kg）	1.60	1.30
	中鸭饲料费（元）	4.26	3.46
	大鸭饲料量（g）	3360	3360
	单价（元/kg）	1.45	1.17
	大鸭饲料费（元）	4.87	3.93
	饲料总成本（元）	11.02	8.78
毛利润（元）		2.08	5.28

下篇

微生物技术在农业肥料中的应用

第五章　微生物肥料概述

微生物肥料应用于农业生产，通过其中所含微生物的生命活动，增加植物养分的供应量或促进植物生长，提高产量，改善农产品品质及农业生态环境。它具有制造和协助作物吸收营养、增进土壤肥力、增强植物抗病和抗干旱能力、降低和减轻植物病虫害以及提高农产品品质和食品安全等多方面的功效，在可持续农业战略发展及在农牧业中的地位日趋重要。

第一节　微生物肥料研究与应用进展

一、微生物肥料的概念与种类

（一）微生物肥料的含义

我国土壤微生物学奠基人、中国科学院院士、华中农业大学教授陈华癸指出，微生物肥料是指一类含活性微生物的特定制品，应用于农业生产，能获得特定的肥料效应。在其效应产生的过程中，制品中活性微生物发挥着关键作用。根据国家标准《农用微生物菌剂》（GB 20287—2006）规定，微生物肥料是指含有特定微生物活体的制品，应用于农业生产，通过所含微生物的生命活动，增加植物养分的供应量或促进植物生长，提高作物产量，改善农产品品质及农业生态环境。

（二）微生物肥料的种类

按照微生物肥料的有效菌和物质构成和我国微生物肥料的产品标准，将微生物肥料分为农用微生物菌剂、复合微生物肥料和生物有机肥三大类。

1. 农用微生物菌剂

农用微生物菌剂指有效菌经发酵工艺扩繁制成发酵液后，浓缩加工成的活体菌剂，或以草炭、蛭石等多孔载体物质作为吸附剂，吸附菌体而成的粉剂或颗粒菌剂制品。它具有直接或间接改良土壤、恢复地力、维持根际微生物区系平衡、降解有毒有害物质等功能，通过其中所含有效菌的生命活动，在应用中发挥增强植物养分供应、促进植物生长、改善农产品品质及农田生态环境等作用。

2. 复合微生物肥料

复合微生物肥料指有效菌与营养物质复合而成，能提供、保持或改善植物营养，提高农作物产量或改善农产品品质的活体微生物制品。这类微生物肥料除了含有有效微生物外，还含有一些营养物质，兼具微生物菌剂和无机肥的肥料效应。

3. 生物有机肥

生物有机肥指主要以畜禽粪便、农作物秸秆等动植物残体为原料经无害化处理、腐熟制备成的有机物料，与有效菌复合而成的肥料产品。它是一类兼具微生物菌剂和有机肥效应的肥料。

（三）常见微生物菌剂

微生物菌剂根据其功能特性可分为根瘤菌剂、固氮菌剂、溶磷菌剂、硅酸盐菌剂、光合菌剂、有机物料腐熟剂、促生菌剂、复合菌剂、菌根菌剂和生物修复菌剂 10 个品种，常见的有以下几种产品。

1. 根瘤菌剂

根瘤菌剂是将豆科作物根瘤内的根瘤菌分离出来，加以选育繁殖制成的产品。它是迄今研究最早、应用最广泛、效果最稳定的微生物肥料。

根瘤菌剂还包括复合根瘤菌剂，指以根瘤菌为主，加入少量能促进结瘤、固氮作用的芽孢杆菌、假单胞细菌或其他有益的促生微生物的根瘤菌肥料，称为复合根瘤菌剂。适宜于中性和微碱性土壤，多用于拌种；主要用于豆科作物接种，使豆科作物结瘤固氮。

2. 固氮菌剂

固氮菌剂是指以能自由生活的固氮微生物为菌种生产出来的菌剂。它含有大量好气性自生固氮菌，不与高等植物共生，能独立生存于土壤，固定空气中的 N_2，利用土壤中的有机质或分泌物作为碳源，将其转化为植物可利用的化合态氮素。固氮菌剂适于中性或微碱性土壤，酸性土壤可用石灰调节酸碱度后施用；适用于各种作物，特别是禾本科作物和蔬菜中的叶菜类作物，常用于拌种，可作基肥、追肥；不宜与过酸、过碱肥料或杀菌农药混施。

3. 硅酸盐菌剂

硅酸盐菌剂主要是利用硅酸盐细菌，如胶质芽孢杆菌等有效菌制成的活体微生物制品。硅酸盐菌剂适于作基肥，与有机肥混施覆土；也可用于拌种，加适量水制成悬液喷在种子上拌匀；还可用于蘸根，蘸后立即栽植避免阳光直射。

4. 溶磷菌剂

溶磷菌剂是既能把土壤中缓效态的磷转化为能被作物直接吸收利用的有效态磷，又能分泌激素刺激作物生长的活体微生物制品。可用于拌种，随用随拌；用作追肥时，宜在作物开花前施用。

根据分解底物不同可分为有机磷菌剂和无机磷菌剂。有机磷菌剂是指在土壤中能分解卵磷脂、核酸、植素等有机态磷化物的有益微生物发酵制成的活体微生物制品；无机磷菌剂是指能把土壤中惰性的、不能被作物直接吸收利用的无机态磷化物，溶解转化为作物可以吸收利用的有效态磷的活体微生物制品。

5. 光合菌剂

光合菌剂主要是用光合细菌制成的活体微生物制品。光合细菌是指能利用小分子有机物合成作物所需的养分，并产生促生长因子，激活植物细胞的活性，使植物提高光合作用的能力并增加产量的一类细菌。

6.5406 抗生菌剂

5406 抗生菌剂又称为放线菌肥料。它是以 5406 号放线菌的孢子所制成的菌粉母剂。5406 号放线菌所分泌的抗生素能抑制部分有害细菌的生长，如抑制某些作物的立枯病、黄萎病、枯萎病、甘薯黑疤病及多种炭疽病等多种真菌性病害，并能抑制一些作物的细菌性病害，还能促进植物生根、作物早熟。现在生产的 5406 抗生菌剂的菌种有多株，但其生物学特性都基本相同。施用时须配施有机肥和化肥，忌与硫铵、硝铵混用，但可交叉施用。

7. 菌根菌剂

菌根菌剂主要是用促生菌制成的活体微生物制品。促生菌是自由生活在土壤或附生于植物根际的一类可促进植物生长、防治病害、增加作物产量的有益菌类。植物根际促生菌简称 PGPR，又名增产菌或多效菌。

8. 有机物料腐熟剂

有机物料腐熟剂是指能加速各种有机物料（包括农作物秸秆、畜禽粪便、生活垃圾及城市污泥等）分解、腐熟的微生物活体制剂。按腐熟的对象可分为农作物秸秆腐熟剂和畜禽粪便腐熟剂，其中前者要求纤维素酶活性≥30.0U/g（mL），注重降解纤维素的效果；后者要求蛋白酶活性≥15.0U/g（mL），注重降解蛋白质的效果。按产品的形态不同，可分为液体剂、粉剂和颗粒剂三种剂型。其中液态产品要求有效活菌数≥1.0 亿个/mL；粉剂和颗粒剂产品要求有效活菌数≥0.50亿个/g。

二、微生物肥料的研究进展

目前，许多科学家正致力于菌株的筛选，针对性研究筛选专性菌株、广谱菌株以及适应某一特定条件的菌株。但由于细菌的基因组十分复杂，仍处于探索研究阶段。

（一）微生物肥料载体研究进展

近十几年来，微生物肥料剂型、黏着剂的研究取得了重要进展。多年来使用的剂型主要是草炭载体的粉剂，为适应不同的条件，研发了液体、冻干剂、矿油封面、颗粒等剂型。对一些种皮较厚的豆科植物种子还研发了预接种方式，即用真空负压技术使菌液被吸入种皮内，播种时可免于再接种。美国的一些州还研究制定了种子预接种的质量标准。为使微生物肥料接种时不致散落，近年美国科学家还试验了羟乙基纤维素、硅酸镁、双丙烯酰胺、接枝淀粉等作为黏着剂，以筛选更好的可增强接种剂与种子之间的黏着力而又对微生物无害的黏着剂。此外，正研究探索在菌剂中既能提高接种效果又不抑制微生物存活的一些营养物质。

（二）微生物肥料应用研究进展

20世纪中后期，固氮菌、溶磷菌和解钾菌等有益微生物的应用研究比较深入。东欧一些国家的学者开展了固氮菌肥料和溶磷菌肥料的应用试验，所用的菌种为圆褐固氮菌和巨大芽孢杆菌。捷克斯洛伐克、英格兰及印度研究固氮菌的应用试验证实，这类细菌能分泌生长物质和抗生素，促进种子发芽和根系生长。

20世纪70年代末和80年代初，一些国家开展了固氮菌和溶磷细菌田间试验，因结果各异引发了较大争议。随着固氮螺菌与禾本科作物联合共生研究取得重要进展，固氮菌开始在许多国家作接种剂使用，60%～70%的应用试验可增产5%～30%。20世纪80年代加拿大研究人员筛选出高效溶解无机磷的青霉菌，1988年PhimBios公司用此菌株生产的微生物肥料JumStart，示范应用遍及加拿大西部草原，经10年应用表明，作物平均增产6%～9%。

（三）微生物肥料检测技术研究进展

1984年，FAO编印了《共生固氮技术手册》，对根瘤菌肥质量的检测技术均是常规微生物学技术。近十几年，微生物肥料产品检测技术发展较快。随着抗生素标记、荧光抗体、酶联免疫检测（ELISA）等血清学方法的介入，接种的产品质量和接种效果检测的可靠性迅速提高。近年，在ELISA方法的基础上发展了免疫印迹技术，检测结果更为准确、可靠，甚至可区分出产品中的活菌和死菌。分子生物学技术的应用，为微生物肥料产品的检测提供了先进的技术。近几年，发展的限制性片段长度多态性（RFLP）分析，已能把根瘤菌肥料中同一血清组的菌株严格区分开来（过去一般血清学技术无法区分同一抗原结构的不同菌株，甚至有时有相近抗原结构的菌株在检测中会出现假阳性反应，干扰检测结果）。最近，发展的PCR技术将更简便、快捷地检测出制品中有效微生物种群甚至数量成为可能。

三、微生物肥料的应用前景

（一）面临前所未有的发展机遇

2013年，美国科学家Ann Reid和Shannon E. Greene在美国微生物学会学术讨论会上发表了*How Microbes Can Help Feed the World*的报告，强调调控土壤微生物区系可增产20%并减施20%的化肥与农药，是未来农业持续高效、环境友好的根本出路。发达国家微生物肥料的施用量已占肥料总施用量的40%以上，并且每年以10%～20%的速度递增，微生物肥料的应用正在发达国家崛起。

目前，我国化肥和农药过量施用普遍，化肥增产接近极限，面源污染日益加剧，资源环境亮起“红灯”，直接危及粮食安全、食品安全和生态安全，农业可持续发展面临严峻挑战，引起了中共中央、国务院的高度重视。2014年12月，习近平总书记在中央农村工作会议上强调，要加快建立农业废弃物资源化利用和使用有机肥的激励机制，使秸秆和畜禽排泄物变废为宝，成为生物质能源和生物有机肥的重要来源，从而使宝贵的农田能永续利用，产出的农产品有质量安全保障。科技部、农业部已启动“化肥农药减施综合技术研发”重点专项，各级地方政府正在大力推进化肥农药减施增效工作，未来五年要实现减施化肥20%的目标，其根本出路在于大力发展微生物肥料。这为微生物肥料的研发应用带来前所未有的发展机遇。

（二）面临十分广阔的发展应用空间

当今微生物肥料的研发应用方兴未艾。美国、日本等应用微生物肥料起步较早的国家，已研发出专门的有机物料腐熟菌剂，高温堆腐处理畜禽粪便和秸秆生产生物有机肥，其施用量已占化肥总用量的40%以上。我国是一个农业大国，耕地保有量$1.2\times10^{8}hm^{2}$，要走上可持续发展的道路，关键在于保证土壤肥力不断提升、农业生产率持续增长与生态环境协调发展。微生物肥料具有原料易得、制作简单、成本低廉、减肥增产、优质高效、绿色环保等特点。田间试验表明，100%施用化肥可增产13%，而减施20%化肥并施用微生物肥料可增产15%；减施30%化肥并施用微生物肥料可增产12%。可见，微生物肥料非常符合绿色农业、有机农业和生态农业等可持续农业发展的要求，但迄今我国微生物肥料企业仅950多家，产品涉及微生物菌剂、生物有机肥和复合微生物肥，年产量不到1000万t，不到化肥总用量的20%，年推广应用面积仅$1.3\times10^{8}hm^{2}$，远不能满足可持续农业蓬勃发展的需求。

同时，微生物肥料产品的功能结构亟待改善。在农业部登记的微生物肥料有12类产品，其中固氮菌剂、硅酸盐菌剂、溶磷菌剂、有机物料腐熟剂、生物有机肥等技术成熟，应用规模较大，主要是营养促生、抗逆防病、促进增产、改善品质的功能产品。可见，强化微生物肥料的功能，开发不同功能产品特别是多功能产品，丰富和改善其产品的结构功能，发展应用空间十分广阔。

（三）面临潜力巨大的原料资源前景

微生物资源开发应用潜力巨大。据估测，全球有微生物100万种以上，迄今已被发现的微生物大约10万种，已被开发利用的微生物1000种左右，仅占已发现微生物的1%；被微生物肥料开发应用的有效菌只有150多种，只占已发现微生物的0.15%。并且，开发出来的微生物功能产品屈指可数，大量有益微生物的功能尚未被发掘出来，加之不同菌株组合开发的新功能，微生物功能可开发利用的潜力巨大。

我国有机物料资源相当丰富。目前，全国畜禽粪便年产量超过$4\times10^{9}t$，农作物秸秆年生产量$7\times10^{8}t$左右，可作为生物有机肥原料的主要有稻草、玉米秸秆、小麦秸秆等，加之稻壳、玉米芯、蔗渣、甜菜渣等副产品，原料资源开发应用潜力巨大。如果每吨有机物料可生产生物有机肥或微生物肥料0.8t，微生物肥料的生产量不到可生产量的0.03%。可见，微生物肥料生产不仅原料资源丰富，而且可就地取材、成本低廉，可确保农产品安全。微生物肥料具有化肥远不能及的生态效益，发展前景令人欣慰。

（四）面临空间广阔的销售市场

微生物肥料远未得到我国8亿农民的认知和认同。根据市场问卷调查，目前我国农民知道有微生物肥料的仅占16.8%，真正了解微生物肥料的不到5%。现在很多农民存在一个误区：肥料有没有效果，只看作物长势。如果看不出长势变旺，就不再用了。这对化肥等速效肥料来说无可厚非，但这种认识并不适用于所有肥料，尤其是微生物肥料，因为它的功能是多方面的。例如，促根生长、增强抗性、减少死苗、克服连作障碍、减少病害、改善品质、提高适口性、培肥改土、修复土壤污染等。如不加以技术引导，在短期内农民对此是难以认知的。无论是联合国粮食和农业组织（FAO)，还是生产应用微生物肥料的发达国家，均已把宣传普及微生物肥料知识作为一项重要工作，出版发行了大量科普书籍、幻灯片和音频影像资料等，同时对应用地区的农技人员和农民开展了广泛培训。让用户真正了解有关知识，大力推动了微生物肥料的推广应用。在开拓销售市场方面，我国的科普宣传和技术培训做得还远远不够广泛和深入。因此，通过开展多渠道、多形式的广泛宣传和培训，提升农民对微生物肥料的认识，引导农民的需求，任重道远。

找准买点是打开销路、大规模推广的核心关键。农民购买肥料有针对性的买点。例如，目前在设施蔬菜生产上，普遍存在大面积的死苗、死秧问题。农民最需要的是促根生长、提高抗性、减少死苗和死秧的肥料产品，这即是农民的肥料买点。但现有微生物肥料产品，对肥料特点的说明泛泛而谈，“鱼目混珠”现象普遍，往往看了产品说明，但买到的肥料收效并不理想，导致产品信誉丧失。推销微生物肥料，要学会换位思考，争取站在农民需求的角度，找准产品买点。经销人员应主动开展市场调研，经常深入农业生产第一线，积极寻找农民的买点。技术人员应对现有微生物肥料产品广泛开展生产性试验，发掘产品的突出特性，找准产品卖点，主动对接买点。研发人员应针对买点开发适销对路产品，主动满足市场需求热点，不断提升产品市场竞争力。

提升企业产品适应性是扩大推广应用的前提和保障。目前，我国微生物肥料企业产品单一、生产规模尚小，多为中小企业。我国现有微生物肥料企业普遍缺乏高效菌株，许多企业都在开发使用同一个菌株，处于少数几个菌种“打天下”的局面，尚未涌现出知名的旗舰型企业。应大力推进产学研合作，以高校、科研单位为依托，逐步创建微生物肥料产业协同创新团队，克服单一产品“上规模、找出路”的弊端。注入范围经济的理念，针对减施增效、绿色环保、污染修复和培肥改土等不同需求，研发多类型、多层次的肥料产品，大力提升产品的适应能力。同时，本着“研发一批、推广一批、储备一批”的原则，利用现代高新技术手段，不断加速新产品、新技术的更新换代，打造高功效、高附加值的名牌名品，大力提升产品的市场竞争力。从而，开创企业产品“应有尽有、你有我优、有求必应、按需生产”的局面。

第二节　开发微生物肥料的优势与意义

一、微生物肥料的功能效果

（一）增强土壤肥力，促进作物增产

固氮微生物肥料的应用，可增加土壤氮素，培肥土壤。根瘤菌剂是迄今研究最早、应用最广、效果最稳定的微生物肥料。利用根瘤菌与豆科作物共生，形成根瘤并固定空气中的氮气，提供植物生长所需要的氮素。

微生物肥料的有效菌能够促进土壤中难溶性养分的溶解和释放，增强土壤养分供应能力。解磷菌在代谢过程中产生乳酸、柠檬酸等有机酸和植酸酶类物质，使固定在土壤中的无机磷酸盐溶解、有机磷酸盐矿化或将难溶性有机磷酸酯酶解，使其变成可溶性磷供植物吸收利用。苏联学者从土壤中分离到一种溶磷巨大芽孢杆菌，其分解核酸和卵磷脂的能力很强，接种于土壤可提高土壤有效磷含量15%以上，是发现最早、效果最好、应用最广的解磷菌。硅酸盐细菌又称为钾细菌，是目前被广泛应用的一种功能菌。田间试验证明，胶质芽孢杆菌能在种子或作物根系周围迅速增殖形成优势群落，分解硅酸盐类矿物质并释放出 K 等元素供植物利用，同时具有固氮和解磷功能。解磷菌和解钾菌混合培养，可增强它们矿化卵磷脂和溶解磷酸钙的能力，显著提高有效磷和速效钾含量，促使植物充分利用土壤及化肥中难溶态的磷、钾和硅等养分。同时，有效菌所分泌的胞外多糖物质是土壤团粒结构的黏合剂，可促进土壤团粒结构形成，疏松土壤，提高土壤通透性和保水、保肥能力，改善土壤物理性状，增强土壤肥力。

微生物肥料的有效菌大多能分解土壤有机质，分解过程中生成腐殖酸，腐殖酸与土壤中的氮形成腐殖酸铵，可减少氮肥的流失。解钾溶磷有效菌可将土壤和肥料中固化的磷和钾转化为速效钾、有效磷，提高其利用率，降低生产投入，减少资源浪费。大量试验表明，微生物肥料与化肥混合施用，化肥利用率可提高10%～15%。

（二）抑制农产品污染，保障农产品安全

微生物肥料可抑制作物对硝酸盐、重金属等无机污染物的吸收，防止农产品被污染。在常温、常压条件下，固氮菌即可完成氮的转化过程，为作物提供丰富的养分，而且不会引起亚硝酸盐累积污染。田间试验表明，施微生物肥料与施农家肥相比，黄瓜、番茄、花椰菜、小萝卜、油菜五种蔬菜，除Cr含量差异不显著外，Cd、Hg和Pb的含量分别降低83.9%、26.9%和9.19%。

微生物肥料进入土壤生态系统后，形成微生物益生菌群，通过自身生物反应降低土壤酸碱度。同时，有效菌可使土壤中活性重金属转化为有机结合态，形成过滤层和隔离层，降低作物对土壤重金属的吸收，从而避免其污染农产品。

（三）修复土壤污染，改善生态环境

微生物降解有机污染物的潜力相当大，而且修复彻底、无二次污染，具有低耗、高效和环境安全的特色优势，为修复农药残留、石油污染开辟了一条崭新的途径。

修复土壤农药污染，主要是通过细菌、真菌及细胞游离酶的自然代谢过程，通过水解酶和氧化还原酶的作用，经一系列生理生化反应，将农药完全降解或分解成相对分子质量较小的无毒或毒性较小的化合物。已有研究证实，在微生物的作用下，马拉硫磷、敌稗等农药的酯键和酰胺键水解而脱毒；DDT等卤代烃类农药在脱卤酶的作用下其取代基上的卤元素被氢、羧基等取代，从而失去毒性。大量试验表明，DDT可被芽孢杆菌属、棒杆菌属、诺卡氏菌属等降解；五氯硝基苯可被链霉菌属、诺卡氏菌属等降解；敌百虫可被曲霉、青霉等降解。莠去津是一种广泛使用的除草剂。用土著菌和混合菌降解莠去津已得到应用证实。据报道，取被莠去津污染的10～20cm表层土壤，靠土壤本身的土著微生物降解，虽有50%的莠去津能被降解，但仅1%能被完全矿化。然而，加入假单孢杆菌进行生物修复，可使其矿化率达90%～100%。

某些有效菌产生酶类活性物质，通过生物化学反应，可将石油的主要成分——烃类物质降解成二氧化碳和水，从而消除污染物，并不引起二次污染。与物理、化学方法相比，负面影响小，且费用降低。在美国，生物修复已成为新兴的生物技术产业，有几十家生物修复公司专门提供土壤和水体石油、化工污染的生物修复技术方案和产品，市场营业额已达上百亿美元。

（四）调节植物生长，增强作物抗性

许多有效菌可产生植物激素类物质，改善植物营养状况，调节作物生长。多数研究表明，有效菌产生对植物有益的代谢产物，如细胞分裂素、吲哚乙酸、赤霉素、脱落酸、乙烯、酚类化合物及其衍生物等植物激素，不同程度地调节植物生长，促进植物生长健壮，进而达到增产效果。

有效菌接种后，在土壤中生存需要碳源和氮源提供营养源。作物根系分泌的有机物是微生物生活良好的营养源。因而，大量的功能微生物会在作物根际聚集、繁殖形成优势种群。同时，有效菌能活化土壤养分，促进根系生长发育，一般可增加根量1/3左右，使植株变得健壮，增强作物的抗逆性。大多数有效菌具有分泌抑菌物质和多种活性酶的功能，能抑制或杀死病菌，降低病害发生或增强作物抗逆性，包括抗旱、耐寒、抗倒伏及耐盐碱等能力，并能有效预防作物生理性病害，增强植物的逆境生存能力。

一些有效菌直接对病原菌产生拮抗作用，从而减轻病害发生。有效菌可诱导植物过氧化物酶、多酚氧化酶、苯甲氨酸解氨酶等参与植物防御反应，增强防病、抗病能力。大量试验证明，促生菌可使寄主植物更好地摄取移动性较弱的营养元素，扩大根的吸收范围，产生阻抑其他微生物的抑菌物质，保护根部免受病原菌侵袭。光合细菌对提高植物抗性有明显的作用，其含有抗病毒因子，在光照及黑暗条件下均有钝化病毒的能力，可阻止病原菌滋生，还能对危害卷心菜的镰刀菌产生胞溶作用，减轻其对植物的危害。

（五）促腐有机物料，养护培肥农田

未经处理便排放的畜禽粪便和焚烧秸秆，会引起严重的环境污染。同时，未腐熟的畜禽粪便和秸秆连年直接还田，会导致农田病虫害不断加重，引起大面积的死苗等。研发高效的有机物料腐熟剂，将堆腐发酵与沼气工程相结合，以发酵产物为原料，采用科学配方制成生物有机肥，加速其肥料化高效利用进程，已成为最有效的利用途径。20世纪70年代，日本研制出EM菌剂，可加速有机物料降解腐熟，据报道，10～15d有机物料即可腐熟。

生物有机肥生产一般采用微生物促腐发酵和二次添加有效菌工艺，具有发酵省时、成本低廉、功能全面等优点。生产过程中使用的有机物料腐熟剂具有快速、高效腐熟有机物料、除臭等功能，畜禽粪便和秸秆等有机物料经腐熟、除臭、脱水、粉碎、过筛后，首先被制成生物有机肥原料，然后二次添加有效菌，可产生某些植物激素类物质，具有固氮、解磷、解

钾和抑制病原菌的功能。生物有机肥大多数作为基肥或追肥，施用量一般为750～2250kg/hm^2，与微生物菌剂施用量15～30kg/hm^{2}相比，施入土壤的有益微生物、有机物及微生物代谢产物高几十倍；与施常规有机肥相比，可大幅减少施肥用工成本，便于大规模推广应用。因此，生物有机肥既不同于常规有机肥，也不同于单纯的微生物菌剂，而是有机质与微生物的融合体，既有稳效、长效、高效的优势，又有肥药结合的特点。

（六）改善农产品品质，提升市场竞争力

微生物肥料能有效改善农产品品质。有效菌在解磷、解钾的同时，还能促使中微量元素的释放，为作物吸收、利用提供全面的养分，有利于植物营养代谢平衡，促进营养物质累积，起到改善营养品质的作用。大量试验证明，施微生物肥料同施农家肥相比，花椰菜维生素C含量可提高6.30mg/kg，番茄、黄瓜糖酸比分别提高0.25、2.20，西瓜可溶性固形物含量和含糖量显著提高，瓜、菜鲜食的适口性改善。田间试验表明，施用微生物肥料“田力宝”的农产品，其抗氧化酶含量比普通农产品高16倍以上，因而产品不易腐烂、变质，保质期明显延长。一般施用微生物肥料的水果、蔬菜，其蛋白质、糖分、维生素、氨基酸等有益成分含量显著提高，产品色泽亮丽，既好吃又好看，可大大提升市场竞争力。

二、开发微生物肥料的意义

（一）微生物肥料是推进可持续发展的迫切需要

1. 缓解耕地土壤退化，确保国家粮食安全

我国耕地土壤退化速度十分惊人。耕地土壤是人类赖以生存的最基本的生产资料。1.2×10^{8}hm^{2}耕地是确保我国粮食安全的“红线”。然而，我国每年流失土壤50亿t，水土流失面积几乎占国土总面积的1/6，流失的土壤相当于10mm的土层，流失的土壤养分相当于全国化肥总产量1/2的养分。目前，土壤退化面积已达460万km^2，约占全国耕地总面积的40%，占全球土壤退化总面积的1/4。我国土壤退化发生的区域广泛、类型不同、程度不等。从区域来看，华北地区主要是盐渍化，西北地区主要是沙漠化，黄土高原和长江中上游主要是水土流失，西南地区发生着石质化，东部地区主要表现为土壤肥力衰退和环境污染。我国正面临着耕地质量下降的现实，土壤次生盐渍化面积不断扩大，耕地质量下降直接影响粮食生产，已给国家粮食安全敲响了警钟。

微生物肥料能有效治理耕地退化。上海市浦东新区农业技术推广中心开展了木霉菌肥的应用试验。结果表明，木霉菌对土壤次生盐渍化修复效果显著，可降低表土盐分含量80%，增产蔬菜20%以上。已有研究表明，施微生物肥料可降低土壤容重、增加土壤孔隙度等，改善土壤水分和盐分运移条件。高亮等研究了腐殖酸生物菌肥改良保护地次生盐渍化土壤的效果。结果表明，微生物肥料能显著改善土壤理化性状，土壤电导率降低0.83ms/kg，土壤微生物数量明显增多，微生物量碳、土壤的呼吸作用和酶活性显著增强。

在土壤中，微生物肥料的有效菌可产生糖类等次级代谢产物，同植物根系分泌物、有机胶体一起与矿物颗粒结合，改善土壤团粒结构，改良土壤板结。可见，在改良土壤次生盐渍化、改善土壤质量、提高作物产量等方面，微生物肥料具有特殊的功效。我国是世界上肥料需求量最大的国家，更需要发展微生物肥料。加强微生物肥料的研发应用，强化耕地土壤保育，提升土地生产力，是保障国家粮食安全的战略需要。

2. 治理化肥过量施用，确保养分持续高效

改革开放以来，我国农业生产量大幅上升，用世界7%的耕地养活了世界22%的人口。2013年，我国粮食总产量首次突破6亿t大关，到2014年已实现粮食总产量“十一连增”，但同时出现了化肥过量施用的问题。国际公认的化肥施用安全上限是225kg/hm^2，而我国农用化肥平均施用量却比安全上限多出将近一倍。20世纪50年代，我国化肥施用量只有4kg/hm^{2}左右，但是近些年却达到434.3kg/hm^2，其增长速度之快可谓惊人。在华北地区，大部分农户施用化肥超过安全上限。

我国化肥肥效降低且施肥污染凸显。我国单位面积化肥用量是发达国家的两倍，利用率只有美国的50%左右。长期不合理施用化肥，大大降低了耕地土壤肥力，导致生产力大幅下降，引起了化肥报酬锐减。全国化肥试验网试验结果表明，我国化肥当季利用率：氮肥为30%～35%，磷肥为10%～20%，钾肥为35%～50%。

微生物肥料是促进养分持续高效利用的根本出路。根据美国学者的研究，每年耕地沉降累积氮10kg/hm^2，20年后会有25%的物种死亡，尤其是双子叶植物。英国议会通过法律规定，每年氮累积量不准超过20kg/hm^2。而我国华北平原每年的氮积累量是60～80kg/hm^2，当然，并非所有耕地都有这么高的累积量。但从调查结果来看，全国普遍存在养分过剩，迫切需要高效利用过剩养分。微生物肥料由此具有特殊的战略地位。近年来，我国开展了大量的微生物肥料肥效田间试验。结果表明，同常规施肥相比，减施化肥30%，仍可使小麦、玉米、马铃薯单产分别提高4.7%、18.1%

和 11.5%。

3. 防控农产品污染，确保消费者食用安全

我国农产品污染已直接危及食品安全。自 2009 年以来，我国发生 30 多起重特大重金属污染事件，涉及范围极广。根据 2014 年公布的《全国土壤污染状况调查公报》，全国土壤总点位超标率为 16.1%，其中 Cd、Hg、As、Cu、Pb、Cr、Zn、Ni 8 种无机污染物点位超标率分别为 7.0%、1.6%、2.7%、2.1%、1.5%、1.1%、0.9%、4.8%。据抽样调查，我国农产品市场已出现 10%的镉菜，全国每年被重金属污染的农产品达 1200 万 t。长期食用这些受污染的农产品，会严重危害身体健康。

微生物肥料是生产绿色农产品的优选肥料。施用过量氮肥会引起蔬菜硝酸盐含量增加，过量的硝酸盐在人体内会转化为对人体有害的亚硝酸盐。据报道，在日常饮食中，由蔬菜摄入的硝酸盐高达 81.2%。试验表明，施用不同肥料，蔬菜硝酸盐含量的顺序是：氮素化肥＞当地沤肥＞高温堆肥＞微生物肥料。施用微生物肥料可显著降低蔬菜硝酸盐含量，切实保障农产品食用安全。

4. 防控农田施肥污染，确保生态环境安全

施用矿质肥料已引起严重的农田面源污染。据报道，我国化肥的施用量占全球总施用量的 35%，其中 70%～80%的化肥成了环境污染物。磷肥含有较多的有害重金属，氮、钾肥中重金属含量较低，复合肥中的重金属主要来源于母料及其加工过程。肥料中重金属含量一般是：磷肥＞复合肥＞钾肥＞氮肥。矿质肥料是引起土壤重金属面源污染的主要来源。

过量施用化肥已引起严重的水体富营养化。大量资料分析表明，施用氮、磷肥后，从农田径流迁移到湖泊的氮、磷是增加湖泊氮、磷总负荷的主要因素。根据我国 130 多个湖泊的调查结果，目前处于富营养化状态下的湖泊有 51 个，占总面积的 1/3，其中藻型湖泊的富营养化程度最为突出。国家重点治理的巢湖、滇池、太湖中，巢湖东半湖水质为Ⅲ类，西半湖为Ⅴ类，均处于富营养状态，其中总氮、总磷负荷的 63%和 73%来自施肥的面源污染。

另外，过量施用化肥还引起地下水硝酸盐严重超标和向大气中过量排放温室气体。施用氮肥会显著提高 N_2O 排放量，土壤 N_2O 排放量占施肥量的比例高达 8.6%。研究显示，氨和氮氧化物是污染大气并引起雾霾的重要因素，可见重视土地化肥施用量问题刻不容缓。

微生物肥料是一种环境友好型肥料。利用解磷菌和解钾菌生产的微生物肥料，可利用土壤中过剩的磷和钾，减少磷、钾肥的施用，有效控制磷、钾流失引起的面源污染；利用固氮菌生产的微生物肥料，可固定大气中的

氮，大大降低施用氮肥引起的面源污染。施用微生物肥料可减施化肥20%～30%，保持作物稳产、增产，避免大量施用化肥引起土壤、水体和大气污染。微生物肥料是确保生态环境安全的首选肥料。

5. 克服连作障碍，确保农业持续高效发展

连作障碍已严重制约高效农业的持续发展。蔬菜产业已成为种植业中发展最快、效益最好的产业。据联合国粮食及农业组织（FAO）统计，我国蔬菜种植面积和产量分别占世界的43%、49%，均居世界第一，我国可以说是世界上最大的蔬菜生产国和消费国，人均蔬菜占有量近450kg，超过世界人均水平200kg以上，并大量出口俄国、日本、韩国、美国等国家。在高效农业中占有重要战略地位的同时，也促进了农民的增收、增产。但是，一些水果和蔬菜的连作，引起土传病虫害加剧、根系分泌物和残茬分解物等自毒作用的加重，抑制了作物的生长和产量。

微生物肥料是推进农业持续高效的优势肥料。施用微生物肥料后，有效菌在作物根部大量生长、繁殖，成为作物根际的优势菌群，一些有效菌能拮抗病原微生物，抑制病原微生物的繁殖，或在代谢过程中分泌一些抑菌物质，防治枯萎病、炭疽病、霜霉病、番茄青枯病、根结线虫病等土传病虫害。可见，微生物肥料可以在一定程度上克服连作障碍。

在推进农业可持续发展的过程中，微生物肥料发挥着不可替代的作用。随着生态农业、绿色农业、有机农业的蓬勃发展，从发展战略的高度来看，我国加强微生物肥料的研发应用，既是推进可持续农业、确保粮食安全的客观要求，也是发展无公害、绿色、有机农产品及保障食品安全的现实需要，更是减施化肥和农药增效、降低环境污染、保障生态安全的必然选择。从发展现实角度来看，迫切需要发挥微生物肥料在维持土壤肥力、提升土壤质量、促进有机物料快速腐熟、促进固氮与养分转化、提高肥料利用率和克服作物连作障碍等方面的特殊功效。

（二）微生物饲料符合国家发展的战略需要

1. 推进生态文明建设

中国共产党第十八次全国代表大会明确提出，大力推进生态文明建设。推进现代农业生态文明建设，迫切需要绿色环保肥料。我国农业正面临着土地资源危机，土壤流失、退化、荒漠化加剧，过量施肥、滥施肥普遍，土壤养分过剩、次生盐渍化凸现，农田生态环境恶化，农产品污染、土壤污染、水体污染和大气污染泛滥，自然灾害频发等严峻挑战，已直接危及粮食安全、食品安全和生态安全，严重制约农业的可持续发展。应对农业的严峻挑战，必须强化“安全、高效、环保”的施肥目标，大力发展洁净

农业、生态农业、绿色农业和有机农业等现代农业，迫切需要研发、应用绿色环保肥料。微生物肥料的兴起，以绿色环保著称，代表着未来肥料的发展方向，是施肥实现安全、环保、高效的根本出路，切实符合这一战略需要。我国《国家中长期科学和技术发展规划纲要（2006—2020年）》已将生物技术列为科技发展的五个战略重点之一，把环保型肥料列入了农业重点领域“环保型肥料、农药创制和生态农业”优先主题的重点研发内容。

2. 符合发展战略性新兴产业的培育重点

国务院以国发〔2012〕65号文件印发了《生物产业发展规划》，明确提出“生物产业是国家确定的一项战略性新兴产业”。

“加快农用生物制品产业化”重点领域，实施“农用生物制品发展行动计划”，主要任务包括“加快突破保水抗旱、荒漠化修复、磷钾活化、抗病促生、生物固氮、秸秆快速腐熟、残留除草剂降解及土壤调理等生物肥料的规模化和标准化生产技术瓶颈，提升产业化水平”，并明确了生物肥料的主攻目标和主要内容。

2009年，国家发展和改革委员会实施了《绿色农用生物产品高技术产业化专项》（发改办高技〔2009〕536号）。新型高效生物肥料产业化被列入该专项的主要内容。其中包括万吨级固氮生物肥料、溶磷生物肥料、解钾生物肥料、抗病生物肥料和降解化学农药的生物肥料的产业化。

3. 属于土壤有机质提升补贴项目的支持对象

微生物肥料被列为中央财政补贴项目的支持对象。自2006年起，中央财政启动了土壤有机质提升试点补贴项目，每年农业部办公厅和财政部办公厅联合印发《土壤有机质提升补贴项目实施指导意见》，以土壤有机质提升补贴项目为依托，通过技术和物资补贴方式，鼓励和支持农民应用土壤改良、地力培肥技术，促进秸秆等有机肥资源的转化利用，减少污染。近年来，通过政府采购秸秆腐熟剂、根瘤菌剂等方式，补贴支持秸秆还田和绿肥种植。

第三节　我国微生物肥料发展现状与目标

一、生物肥料发展历程

生物肥料的发展经历了三个时期：第一个时期为单一菌种（根瘤菌、固氮菌、解磷菌等）组成的生物肥料的研制；第二个时期为固氮菌、解磷菌、解钾菌等营养菌两种或多种组合与无机肥、有机肥复合成的生物肥料的研制；第三个时期为将具有“营养、调理、植保”功能的菌种和它们与发酵产生的化感物质有机组合在一起的复合微生物肥料的研制。

（一）生物肥料国内技术

生物肥料在中国生产经历了几起几落的发展过程，从总体速度来看是较慢的。我国生物肥料的研究始于20世纪初期，最早研究应用的也是根瘤菌制剂，代表和奠基人有张宪武先生、陈华癸院士和樊庆笙先生等。1937年，张宪武先生开始对大豆根瘤菌进行研究；1944年，陈华癸院士对中国特有的紫云英根瘤菌进行研究，发现并报道了有效根瘤和无效根瘤的研究成果，为发现根瘤中的豆血红蛋白、揭示豆科植物共生固氮体系的氧保护机制奠定了基础。

20世纪50年代是早期发展的时期，1958年在我国农业发展纲要中确立细菌肥料是一项重要的农业技术。这一时期，大力推广应用大豆、绿肥根际固氮菌，应用最为广泛的生物肥料为根瘤菌剂，其中，在大豆、花生、紫云英及豆科牧草接种面积较大，增产效果明显。然而，这个时期的生物肥料生产只求产量，而不顾及质量，持续时间很短。

20世纪60年代末至70年代初，我国许多地方又恢复了微生物肥料生产和推广，大部分采用发酵生产，主要推广应用了“5406”放线菌抗生菌肥料和固氮蓝绿藻肥。与20世纪50年代相比，质量有了提高，但后来许多地方用炉灰渣替代草炭作吸附剂，产品质量下降，农民使用意愿下降。这两个阶段的生物肥料生产有一个共同点——产品没有严格的质量监督管理。

20世纪80年代初，我国生物肥料生产及应用由于其增产明显、品质改善，特别是对环保的特殊作用，其产量开始呈现上升趋势，出现了固氮、解磷和解钾生物肥料，其由此演变出来了名称各异、千奇百态的生物肥料。同时，还不断有新的企业投入生产，有新的产品出现。国外生物肥料生产技术和产品也开始涌入中国市场，中国生物肥料的生产又进入了一个新的发展时期。20世纪80年代中期，又开始研究由土壤真菌制成的泡囊——丛枝菌根（现也称AM菌根）；1989年，南京农业大学黄为一教授等提出了“有机肥、微生物肥和化肥”复配的“大三元”复合微生物肥料的概念并研发出产品。

20世纪90年代以来，在总结我国生物肥料几十年的研究、生产和应用的历史经验后，生物肥料研制单位相继推出联合固氮菌肥、硅酸盐菌剂、光合细菌菌剂、PGPR（根际微生物）制剂和有机物料（秸秆）腐熟剂等适应农业发展需求的新品种。它们在农业可持续发展、减少化肥使用、促进农作物废弃物的腐熟、土壤环境的净化以及提高农产品品质和食品安全等方面都有十分重要的意义。1991年，中国农业科学院陈廷伟、周法永、包建中等人与海南某公司联合研制出的“微生物菌剂、化肥和微量元素”三元复配的三维强力肥，1994年通过海南省科技厅主持的成果鉴定，并获中国发明专利、“国家‘八五’科技攻关奖”和“国家级新产品证书”，科技部和农业部联合发文在全国推广应用。1995年，我国率先应用2，4-D和酶解法诱导结瘤技术，将根瘤菌导入小麦、水稻等作物，并产生固氮作用，小麦增产15%，水稻增产15%～28%。这一时期，中国农业大学陈文新院士团队对中国根瘤菌资源进行了广泛的调查、采集和研究，发现的根瘤菌新属和新种占国际已有根瘤菌种的1/3，其中，很多是中国特有的，建成了国际上根瘤菌数量和宿主种类最多的根瘤菌资源库，夯实了中国根瘤菌研发推广的应用基础，走出了一条资源优势向科研优势，进而向生产应用转化的道路。

进入21世纪，由不同的菌剂与有机、无机物复合的生物有机肥、复合微生物肥料得到了推广应用。根据化学复合肥的原理，将固氮菌、解磷菌、解钾菌等单一营养型菌种复合成了生物肥料，开发出了系列“养分互补型”生物肥料。这类肥料通过微生物的生命活动，以分解土壤中难溶的磷或钾、固定空气中的氮等方式为农作物提供多种养分。“十三五”期间，在现代耕作制度下，在化肥和农药给土壤环境和食品安全带来的诸多问题面前，应对食品安全和环境安全就变得尤为重要。因此，生物肥料的重心将转移到克服化学农药对农业环境及农产品质量的胁迫作用上，主要是把营养菌种和生防促生菌复合，利用菌株及其众多的次生代谢产物，开发具有“营养、调理、植保”三效合一的“肥药兼效型”复合型微生物肥料。据文献报道，目前已从水稻、玉米、小麦、棉花、番茄等20多种植物根系和体内分离筛选到具有防病或诱导抗病的根际细菌或内生菌。通过个体形态、培养特征、生理生化特性及分子生物学等指标进行鉴定，主要有植物根际促生细菌、固氮菌、解磷解钾芽孢杆菌等，采用现代生物技术方法和手段，对其作用机理、代谢产物、化感物质、基因定位等深入研究，发现它们在控制土传病害、促进植物生长和土壤生物修复等方面，起着重要作用。

2011年，黄为一教授首次提出“肥药兼效型微生物肥料”的概念，该肥料的开发能够使土壤中的化学农药、除草剂、有机污染物残留降解；抑制土壤中的病原菌；克服连作障碍等。肥药兼效型生物肥料常用的生防促生菌是枯草芽孢杆菌（bacillus subtilis）、地衣芽孢杆菌（bacillus licheniformis）和解淀粉芽孢杆菌（bacillus amyloliquefaciens）等。这几种芽孢杆菌是一类广泛分布于各种不同生活环境中的革兰阳性杆状细菌，可以产生内生芽孢，耐热抗性强，同时，在土壤和植物表面普遍存在，对人畜无害，不污染环境。2013年，以中国农业科学院周法永博士为首的研发团队研制的“肥药兼效型生物肥料”获中国发明专利，并转化出的“生物多抗1号”“沃土特抗菌肥”等系列产品开始大面积应用，这些工作都是对新型生物肥料的重要探索。肥药兼效型生物液体肥料不含化学农药，含有特定微生物和微生物发酵中草药产生的代谢产物以及能诱导打开农作物次生代谢途径的活性成分，具有“营养、调理、植保”的“三效合一”功能，是绿色、低碳环保型产品，符合我国农业未来的发展趋势，是肥料行业发展的新航标。

（二）生物肥料国内标准

1959年，由中国农业科学院土壤肥料研究所提出了“商品菌肥质量标准要求”，但限于当时各方面的条件，这个质量标准不高也不够全面，且缺乏法律性。另外，学术单位提出的规定没有上升到标准层面。在相当长时间内生物肥料行业几乎无人管理，产品无标准，质量无监督。为了加强生物肥料的质量监督管理，使我国生物肥料生产走上健康发展的道路，农业部于1992年开始将生物肥料标准的制定纳入议事日程。经过多方努力，1994年，农业部制定了我国第一部生物肥料的行业标准——《微生物肥料》（NY/T227-1994），其颁布实施对整顿我国生物肥料市场、打击伪劣产品、保障生物肥料产业健康发展起到了重要作用。标准内主要的技术指标如下：在产品标明的失效期前有效活菌数应符合指标要求，出厂时产品有效活菌数必须高出本指标30%以上。1996年，农业部将生物肥料纳入“一肥两剂”（肥料、土壤调理剂、植物生长调节剂）检验登记管理范围，成立了农业部微生物肥料质量监督检验测试中心，并于1996年4月正式对外开展业务工作，其主要是对生物肥料的生产、销售、应用、宣传等方面进行监管，并且不定期地举办标准和技术培训班，发表了多篇有关标准、产品质量、应用误区等的文章，使社会各界的产品质量意识有了较大的提高。农业部微生物肥料质量监督检验测试中心的成立是我国生物肥料实施质量管理的重要步骤，标志着我国生物肥料开始走向规范化和标准化。

随着生物肥料行业的不断发展，并且根据产品的实际检测结果，在“NY 227”标准的基础上对其中的根瘤菌肥料、固氮菌肥料、磷细菌肥料和硅酸盐细菌肥料部分进行了重新修订，于2000年颁布了4种相应的菌剂产品标准，即《根瘤菌肥料》（NY 410-2000）、《固氮菌肥料》（NY 411-2000）、《磷细菌肥料》（NY 412-2000）和《硅酸盐细菌肥料》（NY 413-

2000)。这次修订的4个产品标准中，主要是根据广泛征求意见后得到的反馈，并结合产品的实际情况，重点是将产品的主要技术指标——有效活菌含量进行了针对性的调整，其他的理化指标也作了适当的修正。

21世纪伊始，国家科技部设立了“生物肥料标准制定与升级”基础公益性研究专项课题，由中国农业科学院承担，项目于2001年1月正式启动，2003年12月结束，期间起草制定标准共18个。这18个标准中，有6个产品标准、4个菌种和产品安全与方法标准、6个生产技术规程、1个农用微生物产品标准、1个农用微生物产品术语通用标准，起草制定的生物肥料标准覆盖了市场上的主体产品，覆盖率超过70%，其中，部分标准已被采纳并颁布实施，如2002年农业部颁布了《光合细菌菌剂》和《有机物料腐熟剂》2个标准。其中，2个方法标准和《肥料中蛔虫卵死亡率的测定》已批准成为国家标准并颁布实施，规范和统一了生物肥料产品的生物无害化测定方法。技术规程方法中有3个起草的标准被采纳，经修订后成为行业标准，分别为《农用微生物菌剂生产技术规程》《微生物肥料田间试验技术规程及肥效评价指南》和《肥料合理使用准则　微生物肥料》。2004年和2005年，农业部发布实施了《复合微生物肥料》和《生物有机肥》2个标准。

2006年5月25日，《农用微生物菌剂》国家标准正式颁布，并于2006年9月1日正式施行，该标准是《微生物肥料》(NY/T 227－1994）的升级(蔡全英等，2010)。另外，农业部于2006年也颁布了。

目前，生物肥料领域涉及的标准共包括通用标准、使用菌种安全标准、产品标准、方法标准和技术规程5个方面，共33个标准（1个英国标准，3个国家标准，7个中国台湾标准，22个农业行业标准），其中，通用标准包括《微生物肥料术语》和3个标准。使用菌种安全标准包括《硅酸盐细菌菌种》《微生物肥料生物安全通用技术准则》和《微生物肥料生产菌株质量评价通用技术要求》3个标准。

“十五”期间，在农业部和科技部等有关项目的支持下，经过几年的努力工作，初步构建了具有我国特色的生物肥料标准体系。在“十一五”期间，除继续加强产品标准的制定工作外，有关检测新技术、新方法及使用菌种安全鉴定等方面的标准制定工作也陆续进行（沈德龙等，2012)。

建设生物肥料的标准体系是一项长期工作，我国生物肥料标准制定工作起步晚，标准制定方面的研究基础仍较薄弱，已制定、颁布的标准需要在实践中不断完善和修订；同时，随着这一行业的快速发展，微生物种类不断拓宽，新产品陆续开发，新功能不断发现，不仅需要跟踪、研究、制定新产品标准，而且要尽快采用新的质检方法和技术，满足行业发展需要。

另外，还要将生产、使用菌种、安全评价、功能和效果鉴定等方面的技术规程，按急需程度申报制定，服务于生物肥料行业。

（三）生物肥料国内政策

《国家中长期科学和技术发展规划纲要（2006—2020年）》（以下简称《纲要》）已将生物技术作为科技发展的5个战略重点之一。自2008年以来，与生物肥料相关的生物产业无论是国家政策，还是产业化专项，均是有史以来力度最大、涉及面最广的时期，为我国生物肥料发展提供了极其良好的机遇。

“十一五”期间，国家发展改革委员会办公厅根据《国民经济和社会发展第十一个五年规划纲要》和《生物产业发展“十一五”规划》，把生物技术定位为未来发展的战略性新兴产业之一，于2009—2010年组织实施了绿色农用生物产品高技术产业化专项，专项包括了新型高效生物肥料产业化。其主要针对我国化肥使用超量、低效、耕地质量逐年下降的突出问题，以减少化肥施用量、改善耕地质量为主要目标，开展新型高效生物肥料产业化。包括万吨级固氮生物肥料、溶磷生物肥料、解钾生物肥料、抗病生物肥料、降解化学农药的生物肥料的产业化。

为全面推进我国生物技术与产业的快速发展，2011年10月，国家发展改革委、科技部等5部委研究提出了《当前优先发展的高技术产业化重点领域指南（2011年度）》，在其中确定了当前优先发展的信息、生物、新材料、现代农业等十大产业中的137项高技术产业化重点领域。其中，列出了现代农业18项，“新型高效生物肥料”列入其中，并提出了14项迫切需要发展的新技术和新产品。2011年11月，国家发改委、农业部、财政部联合印发了《“十二五”农作物秸秆综合利用实施方案》，加快推进农作物秸秆综合利用，指导各地秸秆规划的实施，力争到2015年秸秆综合利用率达到80%以上，秸秆综合利用的重视也促进了生物肥料的发展。2011年12月，农业部下发了《关于深入推进科学施肥工作的意见》，明确了“十二五”期间推进科学施肥工作的指导思想，即要从保障国家粮食安全和节能减排两个大局出发，坚持增产施肥、经济施肥、环保施肥协调统一的理念，以提高肥料资源利用效率为主线，以深入开展测土配方施肥项目为抓手，加快科学施肥技术推广普及，全面提升科学施肥整体水平，促进粮食增产、农业增效、农民增收和节能减排。生物肥料有着其自身的发展优势，科学施肥工作的开展促进了生物肥料的研发与应用。当月，农业部发布《农业科技发展“十二五”规划》，在其“重大关键技术攻关”中提出，开展畜禽废弃物高效处理利用和有机肥、生物肥高效安全生产技术研究。科技部也于2011年12月发布了《“十二五”生物技术发展规划》，将生物肥料产业纳入其发展规划之中。截至目前，国家跟进的支持生物肥料产业化发展的项目接近10亿元。

之后，国务院印发了《生物产业发展规划》（国发〔2012〕65号），其中，将生物肥料和制剂纳入到“农用生物制品发展行动计划”，并列入生物农业绿色种植和生物环保技术的重要产品。生物肥料被明确提出要加快突破“保水抗旱、荒漠化修复、磷钾活化、抗病促生、生物固氮、秸秆快速腐熟、残留除草剂降解及土壤调理”等的规模化和标准化生产技术瓶颈，提升产业水平。发展规划中包括生物肥料在内的农用微生物产品具有广阔的应用前景。

此外，国家从“十五”以来也加大了对生物肥料科研方面的支持力度，与农业相关的科研院校科研人员在从事有关生物肥料作用机理等方面的研究，随着生物肥料科研方面研究的深入，必将为生物肥料的发展提供强有力的理论和技术支撑。

2015年5月27日，农业部下发了《全国农业可持续发展规划（2015—2030年）》，这是今后一个时期指导农业发展的纲领性文件。文件指出了未来一个时期推进农业可持续发展的5项重点任务，其中，包括到2020年实现化肥农药“零增长”以及到2030年养殖废弃物实现基本综合利用，农业主产区农膜和农药包装废弃物实现基本回收利用、农作物秸秆得到全面利用。化肥的零增长为生物肥料的发展打开了广阔天地。

2015年7月30日，国务院下发了《国务院办公厅关于加快转变农业发展方式的意见》，意见规定坚持化肥减量提效、农药减量控害，建立健全激励机制。深入实施测土配方施肥，扩大配方肥使用范围，鼓励农业社会化服务组织向农民提供配方施肥服务，支持新型农业经营主体使用配方肥。探索实施有机肥和化肥合理配比计划，鼓励农民增施有机肥，支持发展高效缓（控）释肥等新型肥料，提高有机肥施用比例和肥料利用效率。生物肥料作为新型肥料之一，在化肥减施增效、保障作物生产方面将发挥重要作用。

（四）生物肥料产品登记概况

近年来，我国生物肥料每年应用面积超亿亩，大多数在蔬菜、果树、中药材、甘蔗等经济作物上使用。在中国，产品登记是生物肥料产品进入市场的唯一通行证，农业部门负责肥料的产品登记及其管理，并指导使用。其登记受理工作授权农业部微生物肥料和食用菌菌种质量监督检验测试中心。未经登记的生物肥料产品不得进口、生产、销售和使用，也不得进行广告宣传。

生物肥料登记包括临时登记和正式登记两个阶段。临时登记适用于经田间试验后，需要进行示范试验、试销的肥料产品。正式登记适用于经田间示范试验、试销可以作为正式商品流通的肥料产品。临时登记证有效期为1年，如需要，可在到期前2个月提出续展。续展的有效期为1年，最多续展2次。正式登记证有效期为5年，如需要，可在有效期满前6个月提出续展。续展有效期为5年。

生物肥料在1996年才开始实行登记，1997年批准颁发第一批登记产品。截至2014年6月，在农业部登记注册的产品有2015个；截至2015年10月，在农业部登记的产品达2675个，累计应用面积超过2亿亩。我国生产的生物肥料更是打进国际市场，30个产品年出口量近20万t。登记的产品种类有10多个，包括菌剂类产品（固氮菌剂、根瘤菌菌剂、硅酸盐菌剂、溶磷菌剂、光合细菌菌剂、有机物料腐熟剂、复合菌剂、内生菌根菌剂、生物修复菌剂）、复合生物肥料和生物有机肥类产品等。并且，每一种产品都有其技术指标。

二、我国微生物肥料的发展现状

（一）生物肥料市场现状

我国生物肥料施用量占化肥施用量的10%，其市场容量将达到100万t。目前，国内企业每年自产生物肥料的总量为1000万t。其中，有30个产品20万t的产量出口国际市场，主要出口国家为澳大利亚、日本、美国、匈牙利、波兰、泰国等地区。同时，有20余个境外产品进入我国市场，并在国内进行了试验，每年从国外进口的生物肥料量约为400万t。

全球生物肥料市值2014年统计为5.358亿美元，北美和欧洲将生物肥料行业增长视为关键驱动因素。印度政府推出了一项国家5年计划，旨在提高生物肥料生产、分配和利用，从而有利于生物肥料市场的增长。我国政府也采取措施，增强农民施用生物肥料意识，提高应用积极性。全球生物肥料市值预计到2020年将达到18.8亿美元，以14.0%的复合年增长率增长。

据中国产业调研网发布的《2016—2021年中国生物肥料行业现状调研分析及发展趋势研究报告》显示，目前我国新型肥料总产能在1600万～1700万t，生物肥料占到了56.4%；从事各类新型肥料生产的企业已超过2000家，占全国肥料生产企业总数的1/4，几乎在所有作物上都有应用。

在政策的引导下，近几年，我国有机类肥料及生物肥料等新型肥料产业正在快速成长。目前，微生物肥料年产量900万t，年产值150亿元，出口产品的种类和数量也显著增加。国内已有多个品牌的生物肥料在市场上推广使用，已形成了生物有机肥、复合微生物肥料、微生物菌剂、生物修复菌剂、根瘤菌菌剂、光合细菌菌剂、内生菌根菌剂等多系列产品，有2600多个产品获得了农业部颁发的产品临时登记证，其中，有1300多个产品已转为正式登记。当前生物肥料企业总数在1000个以上，生产的生物肥料出厂价格达到了1500～2000元（吨价），年产值200亿元，累计应用面积超2亿亩，这在一定程度上满足了农户的用肥需求。预计未来生物肥料将会占到肥料总量的15%左右，应用推广面积达到4亿亩（15亩＝1hm^2，全书同）以上。

在产品方面，固氮菌生物肥料在所有生物肥料市场中，占据了相当大的比例。据统计，2014年全球生物肥料市场中，固氮菌生物肥料占据了75%，磷酸盐增溶剂占据了15%，剩下的10%被其他种类的生物肥料所占据。在应用领域方面，用于种子处理的生物肥料在2014年市场中占据65.0%以上。

（二）生物肥料产业现状

经过多年发展，目前已形成了具有中国特色的生物肥料产业。20世纪90年代以来，生物肥料行业稳定快速发展，企业总数和总产量迅速增加，工厂化、产品化水平逐步提高。1995—2006年，生物肥料厂家由120家增加到500余家，总产量为40万～500万t，到2015年，生物肥料达上千家。过去10年是我国生物肥料产业快速、稳定发展的时期，更是产业基本形成和培育壮大的关键时期。目前，生物肥料产业发展呈现出的主要特点为生物肥料产业规模不断壮大。我国已形成生物肥料企业千余家、产能达1000余万t、登记产品2600多个、应用面积超过2亿亩、产值200亿元的产业规模。近几年，我国生物肥料产能以年增长10%的速度快速稳定发展，成为肥料应用的新趋势。

三、微生物肥料的研究目标

（一）向非豆科作物结瘤固氮研究领域拓展

非豆科作物结瘤固氮是举世瞩目的微生物肥料研究课题。马桑、桤木、木麻黄、杨梅、沙棘等木本非豆科作物的根系，能被弗兰克氏菌感染形成固氮根瘤。然而，许多非豆科作物不能被根瘤菌和弗兰克氏菌感染、结瘤和进行固氮。目前，关于非豆科作物结瘤固氮的研究，全世界尚处于探索阶段，虽然用植物激素、酶解等方法把固氮微生物导入非豆科作物有一定进展，但离实际应用相差甚远。目前，作物固氮研究正向非豆科作物结瘤固氮领域拓展，寻求固氮微生物与禾本科作物共生固氮的突破。一是构建根瘤菌工程菌株，研究含有组成型结瘤调节基因的菌株，测试各种已知的脂寡糖生物学效应，构建能产生广适应性脂寡糖的根瘤菌；二是利用植物凝集素基因，将已知豆科植物凝集素基因转入非豆科作物，或接到根瘤菌Nod盒，使根瘤菌自身分泌植物凝集素，构建菌株或获转基因植株；三是开展根瘤菌结瘤信号因子包括植物内源脂寡糖和胞外脂寡糖的研究，攻克侵染识别、固氮能量供应和固氮时控氧机制等关键问题，构建根瘤共生体系。

（二）固氮菌由无芽孢向有芽孢研究方向发展

用无芽孢菌种研制微生物肥料存在剂型局限。因无芽孢菌耐高温及耐干燥性差，仅能制成液体剂或将其吸附在草炭（或蛭石）等基质中制成吸附剂，以便运输和使用，但这两种剂型均不耐储存，保质期短。并且，无芽孢菌有抗逆性差的弱点，难以实现商品化。目前，我国应用的固氮菌均是无芽孢菌类，迫切需要研发抗逆性强、耐储存的固氮芽孢杆菌，通过菌种更新改革剂型。

目前，已研发出国际承认有固氮作用的需氧芽孢杆菌——多黏芽孢杆菌，其中一个有较强固氮能力的变种在1984年被定名为固氮芽孢杆菌，其固氮酶活性可达（0.69～2.4）$\times 10^8 \mu g$分子乙烯/(mL·h)，用凯氏定氮法测定其固氮能力为3.3～6.0mg N/g葡萄糖，适于制成粉状或颗粒剂型，通过80℃干燥制成干粉，耐储存、保质期长，成为固氮菌类更新换代的优选菌种。

（三）由单一功能向多功能研究方向发展

选育性能优良的菌株是提高微生物肥料功效的核心。现代可持续农业的发展对微生物肥料的应用提出了新的更高要求，既要培肥地力、调控养分、提高产量、改善品质，又要改良土壤、修复污染、增强抗性、保育农田。长期以来，功能菌株选育的重点是：筛选同氮根瘤菌和具有溶磷、解钾功能的菌种，能减轻或克服作物病害与连作障碍，以及能修复土壤和分解腐熟有机物料的功能菌群。目前，虽然筛选出的微生物肥料菌种有150种之多，但绝大多数功能比较单一，亟待研发多功能菌株。随着生物技术的快速发展，采用现代高通量和常规菌种筛选技术，结合现代基因工程技术手段，可筛选培育具有营养促生、腐熟转化、抗逆防病、降解修复等多功能的优良菌株。

（四）由功能优势向广谱适应研究领域拓展

发掘广谱适应的菌种是稳固微生物肥料功能的关键。针对菌株自发突变、菌种退化等问题，国内外微生物肥料的研究一般注重高效固氮、溶磷、解钾等功能菌株的筛选和提纯复壮，不断增强菌种的功能优势。同时，土壤环境的恶化，对菌种特性的发掘提出了许多新课题、新挑战。例如，我国北方部分农田出现了土壤酸化、次生盐渍化、严重干旱、灌溉缺氧等恶劣环境。目前，微生物肥料应用的功能菌株多数是喜微酸性的好氧固氮、溶磷、解钾细菌，遇到过酸、过碱、盐分浓度高、缺水或低氧等不良土壤环境，难以形成优势菌群甚至死亡，严重制约其肥效功能的发挥，亟待开展功能菌广谱适应性的研究，研发具有耐酸、耐碱、耐盐、耐旱、耐低氧等特异优势的功能菌株，在增强功能优势的同时，广泛提升菌株的适应能力。

（五）由单一菌种向多菌种复合研究领域拓展

推进多菌种复合是扩展微生物肥料功能的捷径。随着现代可持续农业的发展，微生物肥料的施用趋向高产、优质、安全、高效、环保、抗逆、抗病等多重目标。任何单一菌种研发的微生物肥料，都难以满足多重施肥目标的要求。然而，将固氮菌、磷细菌和钾细菌等复合施用，是一条简便易行的途径。但不能简单地认为，微生物的复合或联合就是多种菌混合发酵，或是简单地发酵后混合、组合。应在深入研究掌握其微生物特性的基础上，研发新的技术手段和方法，根据用途把几种所用菌种进行科学合理的组合，研制成微生物肥料产品，发挥复合或联合菌群协同、共生、促进、强化的作用，避免发生拮抗、弱化的现象，使其某些性能从原有水平得到提升。一是研究不同菌种之间的互惠共生、功能促进、繁殖快慢、抗性差异、争夺养分、争夺空间、相互拮抗等关键问题；二是研究不同菌种复合的配伍、适宜载体、黏着剂、养分配比、适宜含量、剂型等共性技术；三是研发菌种复合的最佳温度、湿度、酸碱度等加工条件，优化工艺技术参数。

（六）由细菌向有益真菌研究领域拓展

有益真菌是增强微生物肥料功能的宝贵资源。目前，微生物肥料研究主要集中于促进植物生长的细菌，应用的功能菌主要是具固氮、溶磷、解钾等功能的有益细菌，对真菌的研发较少。然而，自然界存在大量的霉菌、酵母菌等真菌。例如，木霉通过拮抗、竞争、寄生、诱导抗性抑制植物病原真菌的侵染，对蔬菜灰霉病有良好的功效。同时，它能提高种子发芽率、促进根苗生长、增强植株的活力。米曲霉可产生蛋白酶、淀粉酶、糖化酶、纤维素酶、植酸酶等降解酶类，加速有机物料的降解腐熟，用于研发有机物料腐熟剂应用前景良好。为增强微生物肥料的功效，菌种的研发应向有益真菌领域拓展。一是筛选培育具有生防、促生、促腐等优异特性的真菌菌株；二是研发真菌菌种扩繁、提纯复壮、发酵培养等前处理技术；三是研发菌种复合、适宜剂型、质量检验、储存保质等后处理技术。

第四节　我国微生物肥料发展瓶颈与解决途径

一、我国微生物肥料在发展过程中遇到的问题

虽然我国的复合微生物肥料的发展和应用历史很长，但是还存在不少问题，主要有如下几方面。

（一）理论研究薄弱

目前很多研究仅仅停留在增产原因分析、菌株分离和大田试验方面，对于真正涉及复合微生物肥料及产品中微生物本身，如它们的作用实质，产品制造过程中最佳、最合理的工艺，微生物肥料施用后在土壤和根际的定植机理和存活繁殖动态、菌剂的生态行为、与土壤中同类或异类微生物的竞争、影响肥效的制约因子等机理问题缺乏了解，研究深度不够，复合微生物肥料大面积推广应用的理论基础薄弱，操作技术不够规范。

（二）产品质量有待提高

我国复合微生物肥料行业生产的产品存在一些质量问题，诸如有效活菌含量低、杂菌率偏高、有效期短等。还有一些产品的构成表现出明显的不合理，如菌种组合、产品成分组成等。有的产品组合的菌株报告有多种，与实测结果不符，在营养成分的搭配上或高或过低，表现出明显的随意性。同一类产品质量差距很大，影响了市场的开拓和农民使用的积极性。近 10 多年来，由于国家有关部门把关，虽然质量大为提高，但还是存在质量问题。

复合微生物肥料产品的质量问题是制约复合微生物肥料行业的健康发展的一个不可低估的重要因素。复合微生物肥料属于农业生物技术产业，技术较为专业，科技含量较高。同时，复合微生物肥料行业是典型的微生物发酵行业，设备投资庞大。菌剂生产采用深层好气发酵，需要相应的制冷和供热设备才能保证生产的顺利进行。

我国的微生物肥料生产经历了一个较长的发展阶段，特别是在改革开放后已有较快的发展，但市场仍然没有孕育形成，依然是肥料系列中的一个小品种。农民对复合微生物肥料缺乏相应的了解和认识，复合微生物肥料尚有很大的市场开发潜力。

（三）市场管理混乱

十几年来，我国复合微生物肥料市场较乱，没有从国家的角度进行管理和质量监督，长期未制定出国家或行业标准，虽然1994年5月农业部颁布了我国第一个微生物肥料行业标准（NY 227－1994），并从1996年开始将微生物肥料纳入“一肥两剂”（肥料、植物生长调节剂和土壤调理剂）的管理范畴，规定微生物肥料必须在农业部进行检验登记，但仍有不少问题。一是这一行业标准与微生物肥料产品的多种类较不适应；二是产品质量得不到控制，一些有问题或质量不合格的产品堂而皇之地进入市场，从国外引入的一些复合微生物肥料产品许多未经批准，即在国内生产、推广、销售，有的产品甚至故弄玄虚。要根治这种状况，只有通过扎实的工作，提高复合微生物肥料产品质量，开发新型制剂，提高生产应用效果，扶植优质产品，才能最大限度地遏制伪科学和伪劣产品。

（四）有些菌种不适用或退化

目前菌种生产存在两大问题：一是有些企业的生产菌种并不适合应用，其产量效果不够稳定；二是菌种退化。菌肥生产的技术主要是细菌肥料，而细菌的自发突变性往往会使细菌的生产性能减弱，加之有很多优良基因易于丢失。一种好的复合微生物肥料产品，生产菌种肯定是优良的，但得到一株适合于工业生产要求的菌种并不是一劳永逸的，需要在生产过程中经常不断地进行菌株的提纯复壮和筛选，以保证生产出符合要求的复合微生物肥料。

菌株的提纯复壮和筛选是一项技术性强、工作量大、周期长的工作，一般生产企业不具备条件。

导致菌种退化的另一个原因是我国微生物肥料的标准（NY 227－1994）只规定了菌种的品种和数量，并未规定菌种的质量。如枯草芽孢杆菌要达到每克肥料多少个，而未对枯草芽孢杆菌生产菌种的解磷能力和其他生物指标提出任何要求。生产企业没有提纯复壮菌种的技术要求，也不会因此影响企业的技术经济指标，企业缺乏提纯复壮菌种的内在动力。

与此相反，生产抗生素的企业则十分重视生产菌种的质量，因为生产菌种对生产抗生素能力的强弱有直接影响，直接关联到发酵产量、提取率和产品质量，因此生产抗生素的企业十分重视生产菌种，他们积极采用人工诱变、提纯复壮等手段反复提高和保持产抗生素的能力，降低成本提高产品质量。

在保持和提高菌种性能方面，应该慎重对待生物工程菌。生物工程菌作为生产菌种，虽然可以迅速提高某些性能而提高肥效，如通过提高枯草芽孢杆菌的解磷能力可提高磷肥的利用率，但采用人工手段往往会促使基因产生突变，使新菌株的各种基因无法预测而不可控。

复合微生物肥料中的微生物生产与抗生素生产存在差别，复合微生物肥料中的微生物活体直接进入土壤，其代谢产物被作物所吸收，对农作物会产生新的间接影响，有些微生物活体直接进入作物内部，直接影响食品质量，对食品安全构成新的风险。而抗生素生产则不一样，抗生素生产企业在发酵结束后，提取产物而不要微生物活体，这些产物是具有固定分子式的纯品。因此，原始生产菌种和生物工程生产菌种之间产物不存在差别。

二、针对我国微生物肥料在发展中遇到问题的建议

（一）生物肥料科研发展方面的建议

目前，我国生物肥料产品众多，但产品组合还很单一、生产设备尚不配套、生产工艺仍需完善。为了尽快改善国内现状，对于企业或科研院所来说，应抓紧时间研究，研发方向主要包括以下几个方面。

1. 加强生物肥料基础理论研究和应用研究，加大科技创新力度

随着生物肥料应用领域的扩展，其基础理论和应用研究显得越来越重要，采用多学科交叉的方法来研究微生物的作用机理及功能已经成为生物肥料科学研究的主要趋势。未来应加大科技创新力度，从不同层次、不同角度分别给予立项和经费支持，进一步开发微生物资源，同时应避免低水平的重复研究，使研究工作真正促进生物肥料行业的发展。不断研究有针对性的生物肥料，创制用于防治土壤荒漠化、提高化肥利用效率、抗御土传病害等方面的全新生物肥料资源，提高生物肥料的多样性，为土壤质量、土地保护及农产品安全方面提供技术和产品的有力支撑。

2. 利用现代生物技术的基因工程等技术构建高效功能菌种

生物肥料生产中最重要的当属菌种的选育。因此，筛选培育出具有营养促生、腐熟转化、降解修复功能的优良菌株，将是今后的研发方向。重点是研发出具有固氮、解磷、解钾功能的微生物菌种以及修复土壤和分解有机物料的功能菌种，在深入了解有关微生物特性的基础上，采用新的技术手段，根据用途把多种所用菌种进行恰当、巧妙组合，使其某种或几种性能从原有水平再提高一步，使复合或联合菌群发挥互惠、协同、共生等作用。同时，根据不同地区、不同气候、不同作物研发出更具针对性的生物肥料，以使其效果达到最佳，资源最合理利用，提高产品针对性。并利用新技术对其主要作用、代谢产物、适应能力进行鉴定，对高效功能菌种的作用机理和条件开展深入研究。

3. 研发具有增值功能的生物肥料产品

发展生物肥料新剂型，构建多种功能组合菌群料，除草炭载体粉剂外，注重研制液体剂型、冻干剂型、矿油封面剂型、颗粒剂型等，以适应不同环境条件。注重研发的生物肥料产品主要有：有机物料腐熟剂（或称发酵剂）、根瘤菌剂、促生菌剂，生物有机肥、生物修复剂（微生物区系、解毒、重茬等）等。有机物料腐熟剂虽然在促进农作物秸秆和残茬的转化腐熟方面以及畜禽粪便除臭腐熟方面发挥了良好作用，但产品效果的稳定性以及菌种组成的合理性还需要开展深入的研究工作，需要开发出效果更稳定、针对性更强的产品应用在实际生产中。微生物由于数量大、种类多，变异快，降解有机物的潜力相当巨大，而且干净彻底、无二次污染，这为消除土壤环境污染提供了一条新的途径——微生物修复。从产品的角度来说，将营养菌种和生防促生菌复合，研发出具有生物修复功能的又具有增产功能的，即具有“营养、调理、植保”三效合一的增值功能生物肥料应是今后一段时期内的研发重点。

4. 加强研发成果的知识产权保护

知识产权是法律赋予成果的确认与保护，是赋予所有者对其享有的专利权利。在开展基础研究，研发高效功能菌种、生产工艺和新型生物肥料产品的基础上，增强知识产权保护意识，将获得的新成果以专利或产品登记的方式进行保护，不仅在国内范围进行保护，更要加强专利的国外申请与保护，进行专利的国际战略布局，占领先进技术优势阵地。提倡科研机构和大型企业建立内部知识产权中心和技术转移机构，配备合理人员队伍，对研发成果进行专业指导和有效保护。同时，提高专利质量，提升专利授权率，并进行应用实践，促进成果转化。

（二）生物肥料产业发展方面的建议

生物肥料产业仍然是未来生物产业发展的重要组成部分，为促进生物肥料快速有序发展，特提出以下几点建议。

1. 选育性能优良菌株是生物肥料产业化基础和关键

采用现代高通量技术和常规菌种筛选技术，并结合现代基因工程技术手段，筛选培育具有营养促生、腐熟转化、降解修复等功能的优良菌株，是生物肥料产业化的基础和关键。在此基础上开发新的、应用范围更广的生物肥料品种、剂型及系列产品，以满足不同地区、不同作物对微生物肥料的要求。

2. 不断扩大企业规模，改进生产工艺和设备

生物肥料的生产是一项高新技术，生产工艺和设备的创新直接影响产品质量。生产条件的改善和生产工艺的改进是生物肥料产业发展不可忽视的前提条件。研发现代发酵工程和先进设备，进而改善生产条件和工艺。生物肥料生产从菌种选育直至成器检验、包装和贮运以及菌种间的有效组合，都需要高新技术。目前，部分生物肥料生产企业设备简陋、生产工艺落后，导致生产的微生物肥料产品还存在着有效菌数含量低、含水率高、肥料硬度不够、破碎率高等质量问题。因此，要采用现代发酵工艺和先进设备，应用保护剂和新的包装材料进行生产，才能为市场提供优质的生物肥料，促进我国生物肥料产业化的发展。另外，在菌肥类产品生产中，要以有关微生物的特性为基础，对菌种进行科学合理的组合，使组合后的生物肥料功效更明显。

同时，应建设微生物制剂中试基地。根据不同要求提出菌种组合的最佳配方和工艺路线：提高产品质量，尤其要攻克液体型产品保质期短的难题，降低生产成本。

3. 建立快速、先进的质检手段，加强生物肥料质检体系建设

生物肥料是一种活体肥料，有效期严格，刚生产出来的生物肥料活菌数很高，随着保存时间的延长和保存环境的变化，产品中微生物数量会逐渐减少、活性逐渐降低，这也是生物肥料施用效果不稳定的原因之一。应建立快速、先进的质检手段，加强生物肥料质检体系建设，使检测设备和检测水平尽快达到国际先进水平，加大对生物肥料质量的监督力度。保证足够量的有效活菌数是高质量生物肥料的重要标志之一。目前，我国生物肥料行业标准体系框架基本建成，产品的生产应用及其质量监督有据可依，按照生物行业标准要求，加强对生物肥料质量的监督。引进和研究几项关键的产品检测技术，以达到产品检测快速、准确的目的；跟踪微生物在产

品和土壤中的存活、定殖动态。加强对生物肥料产品的市场监督，要做到依法推广、依法管理、依法查处、依法监督。保证生产质量，防止劣质微生物肥料流入市场。

4．加强对生物肥料应用的推广和宣传工作

（1）企业要和有关农业部门联合，进行必要的试验示范，让消费者亲眼看到施用生物肥料的效果，从心理和行动上接受生物肥料。

（2）要大力宣传生物肥料的作用，进一步提高消费者对生物肥料的认识。

（3）要根据肥料中微生物的种类和特性宣传该肥料的适应范围、用途、施用条件和施用方法，克服消费者施用生物肥料的盲目性。

（4）纠正对生物肥料的误解和偏见，维护生物肥料的声誉。随着化肥“零增长”行动的实施，更是为生物肥料的推广与应用提供了良机。生物肥料与适量的有机肥和化肥同时施用，能够创造适宜的土壤营养条件及环境条件，生物肥料的效果才能充分地发挥出来。

5．进一步做好生物肥料的法制管理

法制管理是行业管理的根本。建议制定出台我国的《肥料法》，在《肥料法》尚未出台时，可考虑制定《肥料管理条例》。同时，做好标准建设。一方面加大标准制定的投入；另一方面适时出台新标准。当前，亟须制定相关的生物肥料标签、标志使用标准，以规范现有各种生物肥料的标签、标志，同时，建议农业部与国家技术监督局联合发文，强化对企业标准备案工作的管理，强化企业标准备案前的技术审查，以避免出现无国标或行标的产品、企业标准过低、不可操作等问题。

6．制定相应的优惠政策

要积极鼓励科研院所对微生物肥料进一步研究和开发，鼓励农民使用复合微生物肥料，重点扶持生产复合微生物肥料的龙头企业，促进全国复合微生物肥料的生产和发展。鼓励企业产品商品化、产品生产标准化、企业高度技术化。

推广应用复合微生物肥料涉及的问题很多，最重要的是要使大多数企业认识到推广应用复合微生物肥料的重要性和必要性，将其组织起来，形成一个包括高等院校、科研单位、生产企业、农业技术推广部门和产品经销部门在内的统一协会，逐步使复合微生物肥料在农业生产中得到广泛应用。

复合微生物肥料具有明显促进作物生长、增产、增收、防病、改善品质和改良土壤、保护环境的巨大优势，投入产出比高，在生态农业和高效高产农业革命中扮演着极其重要的角色。因此可以预计：随着生态农业、高产农业的发展，以及市场对绿色食品的强烈呼声，在国家对生物肥料的重点扶持下，复合微生物肥料这一高新技术产品一定会有广阔的前景。

总之，我国生物肥料资源丰富，随着科学研究的深入和人们对微生物世界认识的深化，微生物的作用在我国农业可持续发展中的地位将会更加凸显，生物肥料产品也有着更为广阔的应用前景。生物肥料产业经过近20年的稳定快速发展，已经跨入到迫切需要科技创新的时期。在农业可持续发展的背景下，生物肥料研发新菌种、新工艺、新产品、新功效已成为“十三五”乃至未来更长时期的产业战略目标。

在生物肥料产业创新发展目标上，应建立支撑生物肥料行业健康发展的技术创新体系、新产品研发与应用技术体系，形成以行业龙头企业为创新主体，产、学、研相结合协同发展的创新平台；提升生物肥料主导品种的生产质量与应用效果，优化生物肥料产品结构，结合我国可持续发展农业及农业耕地土壤质量面临的新挑战，发展具有新型功能的生物肥料产品。

同时，扩大生物肥料的使用规模，促使生物肥料应用达到总量的15％～30％,施用面积达4亿亩以上，在提高我国农田化肥利用率的同时，提升我国耕地质量及农产品品质。通过产业的培育与发展，实现我国生物肥料研究及产业化进入国际先进水平。

第六章　微生物技术在农业肥料生产中的应用

本章主要叙述微生物技术在各类工业肥料中的应用技术。首先对生物肥料的研发、新兴、核心技术进行了简单的阐述，然后进行了实际应用的阐述，包括生产农用微生物菌剂的技术、生产生物有机肥的技术以及生产复合微生物肥料的技术。

第一节　生物肥料研发技术分析

一、生物肥料研发技术构成分析

（一）基于IPC分类的生物肥料技术构成分析

结合图6-1和表6-1可以看出，生物肥料领域的主要技术构成集中在复合微生物肥料的制备，以堆制肥料步骤为特征的生物有机肥的制备，含有土壤调理剂的生物肥料的制备，生物肥料中用到的细菌、放线菌、芽孢杆菌属的筛选和其培养基的选择技术，含有杀虫剂的生物肥料的制备。

表6-1　IPC释义

IPC	释义
C05G3/00	一种或多种肥料与无特殊肥效组分的混合物
C05F17/00	以堆制肥料步骤为特征的肥料
C05G3/04	含有土壤调理剂的生物肥料
C12N1/20	细菌及其培养基
C05G3/02	含有杀虫剂的生物肥料

续表

IPC	释义
C05F15/00	包含在 C05F1/00 至 C05F11/00 一个以上的大组中的混合肥料；由包含在本小类中但不包含在同一大组的原料混合物制造的肥料
C05F11/08	含有加入细菌培养物、菌丝或其他类似物的有机肥料
C05G1/00	分属于 C05 大类下各小类中肥料的混合物
C12R1/07	芽孢杆菌属
C12R1/01	细菌或放线菌目

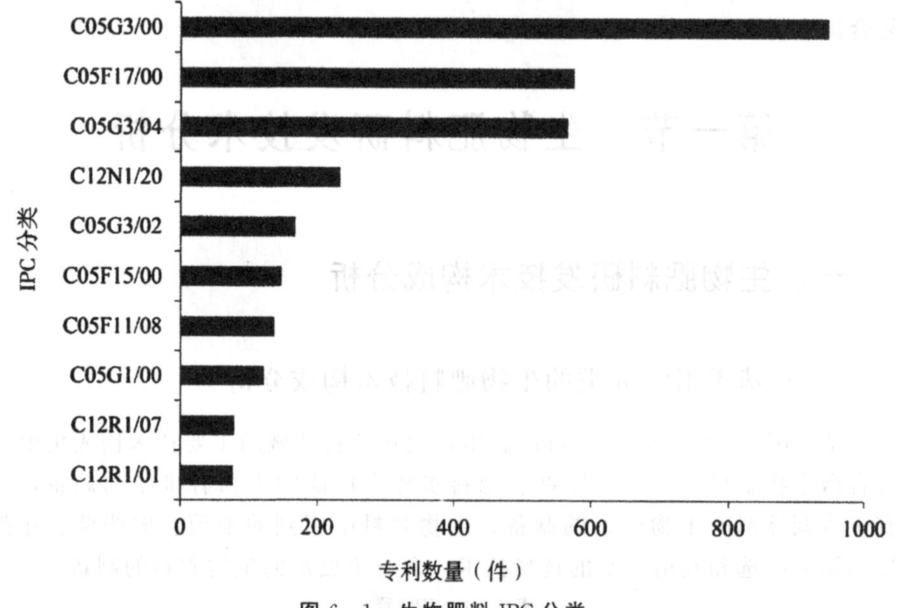

图 6-1　生物肥料 IPC 分类

（二）基于专利地图的生物肥料技术构成分析

图 6-2 为生物肥料的专利地图。从图 6-2 中可以看出，生物肥料相关专利主要涉及 20 多个主题地形图。每个主题地形图中包含的专利文献均涉及 3 个小的主题。这些主题共同组成了生物肥料的主要研发方向，包括菌株的生长、繁殖技术及其生长所需的营养物质的选择，加快废物腐熟的方法、芽孢杆菌和其他菌株混合共存的技术、生物有机肥的干燥技术、具有改良环境作用的菌剂制备、秸秆转化为肥料的方法等。

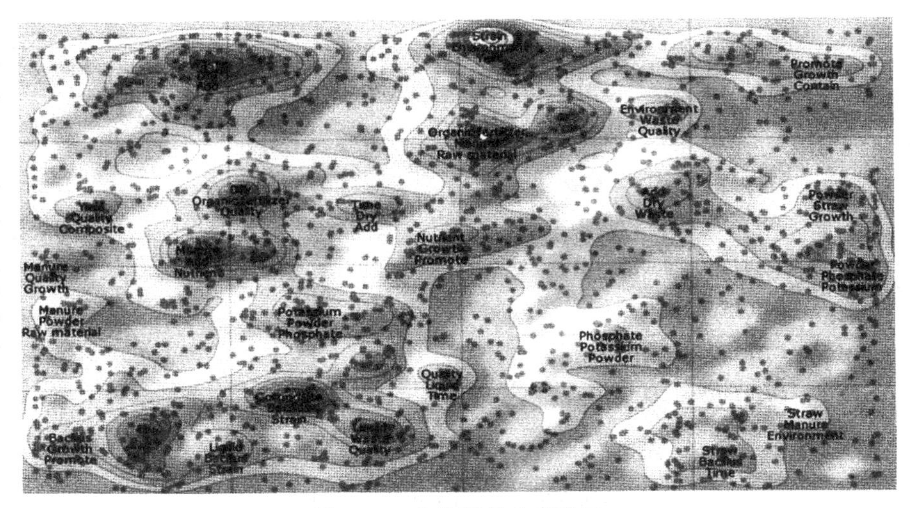

图 6－2　生物肥料专利地图

（三）基于文本聚类的生物肥料技术构成分析

表 6－2 为德温特数据库生物肥料专利相关摘要的文本聚类。从文本聚类结果可以看出，生物肥料领域主要的研发方向为复合微生物肥料制备过程中物料的添加与混合技术，有机废物转化为有机肥的处理方法，芽孢杆菌微生物接种剂的制备、具有土壤改良作用的生物肥料的制备、具有降解残留农药作用的微生物菌剂的制备、生物肥料用到的高效、优势菌株的筛选、保存及其培养基的选择技术以及专门用来生产生物肥料的设备的研制。

表 6－2　生物肥料文本聚类

文本聚类主题	专利数量（件）
Pts，wt，powder	1239
Mixture，add，mix	714
Sulfate，powder，acid	473
Strain，new，preservation	393
Culture，medium，culture medium	390
Device，connect，machine	349
Waste，organic，process	307
Microbial，bacillus，inoculums	301
Plant，growth，soil	271
Organic，microbe，invention	252

续表

文本聚类主题	专利数量（件）
Compound，compound fertilizer，pbw	252
Part，mass，weight	205
Bio－organic，bio－organic fertilizer，pts，wt	198
Composition，fertilizer composition，microbial composition	167
Wt,%，organic，microbial	154
High，advantage，bacterium	131
Biofertilizer，organic biofertilizer，powder	123
Degrade，pesticide，strain	113
Bioorganic，bioorganic fertilizer，material	105

二、生物肥料新兴技术分析

判断生物肥料领域新兴技术的依据，是以国内外重点申请人近两年所申请的专利涉及的专利技术作为新兴技术。因重点申请人在本行业内具有较高的竞争力，因此，其近年来关注的研发方向亦可作为行业的新兴技术。国内的主要申请人排名前5的分别为南京农业大学、苏州仁成生物科技有限公司、中国农业科学院农业资源与农业区划研究所、上海绿乐生物科技有限公司和大连三科生物工程有限公司。国外主要申请人排名前5的分别为Univ Kubansk、Vnii Selskokhoz Mikrobiologii、Republic Korea Man Rural Dev、Knu Industry Cooperation Found以及Condit Internat Ltd。

经统计，国内的主要申请人在近两年共申请了39件专利。其中，苏州仁成生物科技有限公司申请了19件，南京农业大学申请了18件，中国农业科学院农业资源与农业区划研究所及上海绿乐生物科技有限公司各申请了1件。通过对这39件专利进行研读，发现新兴技术主要包括利用酸解液与腐熟有机肥生产生物有机肥的方法及产品、可以综合防控连作烟草青枯病的高效拮抗菌及用该拮抗菌生产的微生物肥料的制备方法、降解农药西维因菌株的研制，用于生产农用微生物制剂的固体或液体载体的制备、一种秸秆颗粒无机微生物肥的制备、利用发酵床垫料作为生物有机肥的方法、用于降解水稻秸秆的有机物料腐熟剂的制备、不含黏结剂的生物有机无机“全元”复合微生物肥料及其制备方法和应用等。国外的主要申请人在近两年所申请的专利较少，仅有2件，为Knu Industry Cooperation Found申请。

其所涉及的技术均为新的具有促进植物生长的微生物菌剂的制备。

三、生物肥料核心技术分析

判断生物肥料领域核心技术的依据，是以同族专利数量及被引证次数作为其判断标准。通常，同族专利越多及被引证次数越多的专利，其所涉及的内容也相对更核心、更重要。

（一）同族专利角度的核心技术

本文选取同族专利排名前5的专利进行具体解析，以期发现生物肥料领域的核心技术。

1. 专利 WO2006071369A2

专利 WO2006071369A2 是由美国的 Becker Underwood Inc 和英国的 Pearce Jeremy David 以及 carpenter Mary Ann 在2005年共同申请，其同族专利分布，如图6-3所示。

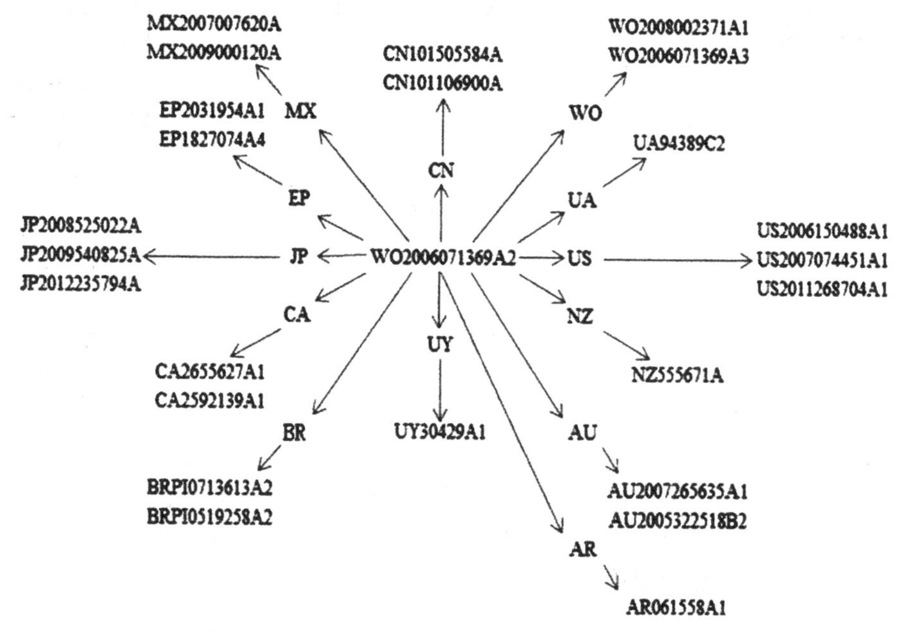

图6-3 专利 WO2006071369A2 同族专利分布

从图6-3中可以看出，专利 WO2006071369A2 的同族专利共有24件，遍布13个国家和地区，在一些发达国家如美国、日本以及目前以农业为主的国家，如中国、俄罗斯、巴西等均有专利分布。经查阅全文，该专利共有权利要求26项，独立权利要求2项，从属权利要求24项。其所解决的问题是提高储存期间液体接种剂中微生物的存活和稳定性，以及液体接种剂施到种子上之后微生物的存活和稳定性。其采用的主要方法为在细菌生长达到稳定期后向液体接种剂中加入干燥剂，得到半干燥接种剂。该半干燥接种剂无论在包装容器内，还是施到种子上之后，其细菌稳定性均得到增强。而稳定性增强使包装容器内和种子上的细菌存活相应提高。该技术适用于根瘤菌、假单胞菌属、沙雷氏菌属、杆菌属、巴斯德氏菌属、固氮菌属、肠杆菌属等各种细菌接种剂。

2. 专利 WO0220431A1

专利 WO0220431A1 由英国的 Ultra Biotech Ltd 在 2000 年申请，其同族专利分布，如图 6-4 所示。

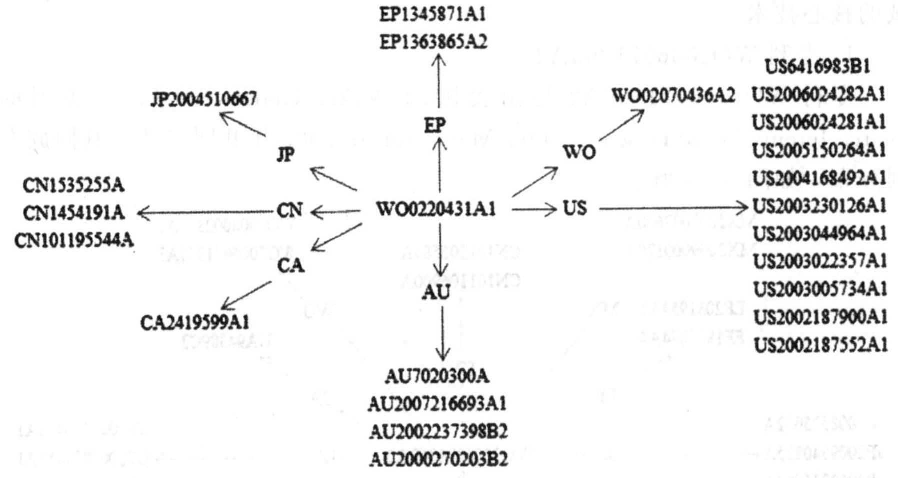

图 6-4　专利 WO0220431A1 同族专利分布

从图 6-4 中可以看出，专利 WO0220431A1 的同族专利共有 24 件，主要分布地区包括美国、中国、日本、澳大利亚、加拿大和欧专局。专利 WO0220431A1 共有权利要求 51 项，其中，独立权利要求 16 项，从属权利要求 35 项。其所解决的问题是天然存在的微生物的生物肥料不能足够有效地替代无机肥料。提供了基于非重组酵母的可以替代无机肥料的生物肥料。所发明的生物肥料包含九种不同的酵母细胞组分、有机基质组分和任选的无机基质组分。酵母细胞组分可以用作添加剂，与有机材料混合形成生物肥料。

3. 专利 WO2008131699A2

专利 WO2008131699A2 由古巴的 10 位申请人在 2008 年共同申请，其同族专利分布，如图 6-5 所示。

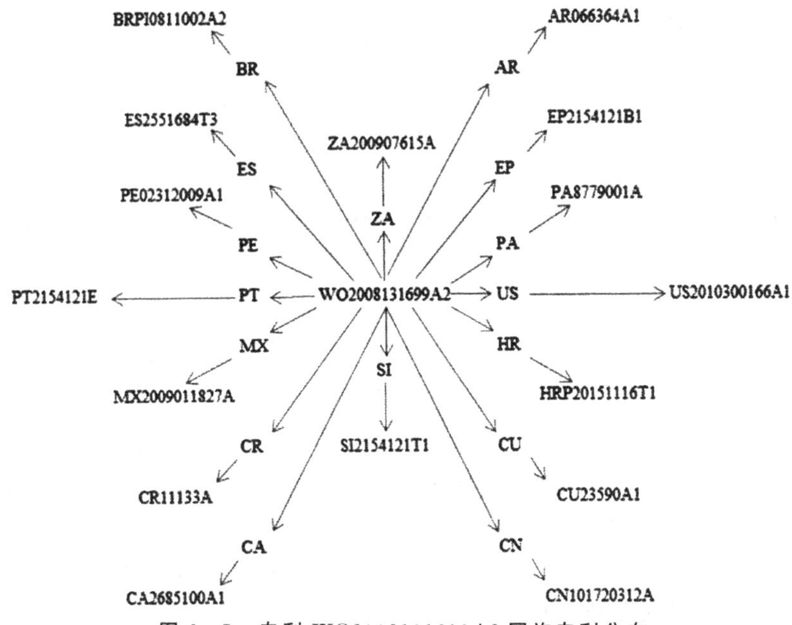

图 6－5　专利 WO2008131699A2 同族专利分布

从图 6－5 中可以看出，专利 WO2008131699A2 的同族专利共有 16 件，分布在 16 个国家和地区。专利 WO2008131699A2 共有权利要求 10 项，其中，独立权利要求 2 项，从属权利要求 8 项。其提供了一种刺激植物生长的生物肥料，该生物肥料在合适的载体中包含至少一种微代谢村氏菌菌株、源自其的突变体或者源自所述菌株的代谢物，通过促进氨和磷的同化来优化植物对于有机物质的利用。该专利还保护了上述生物肥料用于刺激植物生长的方法。该生物肥料和刺激植物生长的方法，不仅对于水果和蔬菜等人类食用的植物适用，还适用于饲养动物的植物，如牧草、谷类等，以及用于观赏的植物。

4. 专利 WO2005054155A1

专利 WO2005054155A1 为塞浦路斯的 Van Der Weide Willibrordus Aug 于 2003 年申请，其同族专利分布，如图 6－6 所示。

从图 6－6 中可以看出，专利 WO2005054155A1 的同族专利共有 12 件，分布在 12 个国家。专利 WO2005054155A1 共有权利要求 19 项，其中，独立权利要求 7 项，从属权利要求 12 项。该专利涉及多个内容，包括一种生物肥料及其制备方法，该生物肥料用于土壤施肥的组合物以及该生物肥料或组合物在植物生长基质的施肥中的应用。此外，还包括一种土壤施肥的方法。其所解决的主要问题是减少进入环境中的养分量。

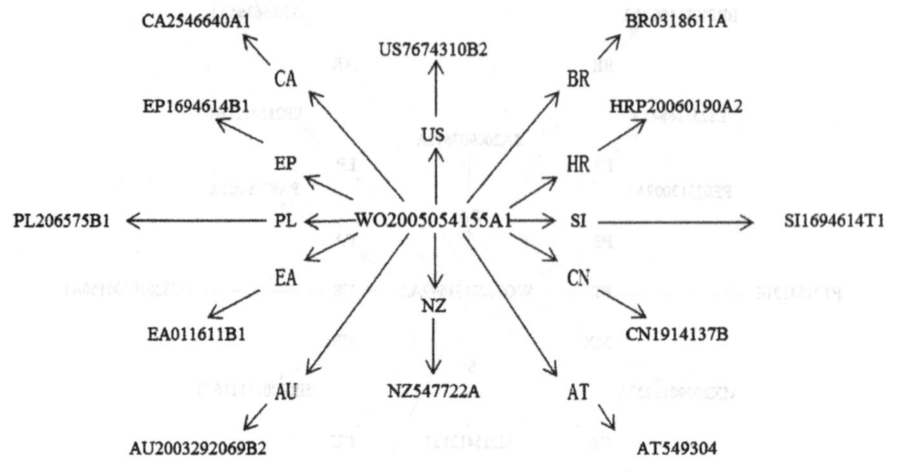

图 6－6 专利 WO2005054155A1 同族分布

5. 专利 WO03055985A1

专利 WO03055985A1 由日本的 Sanyu Co Ltd 和 Oshima Tairo 在 2002 年共同申请。其同族专利分布，如图 6－7 所示。

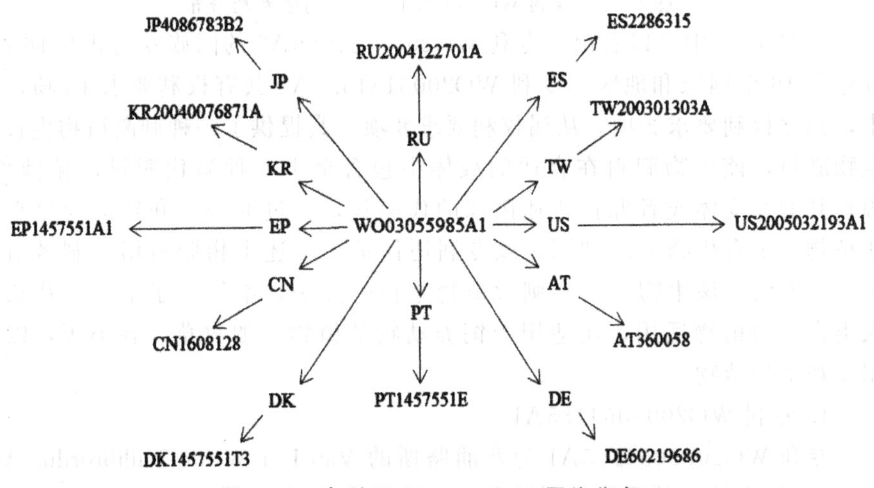

图 6－7 专利 WO03055985A1 同族分布

从图 6－7 可以看出，专利 WO03055985A1 的同族专利共有 12 件，分布在中国、美国、日本、俄罗斯、韩国、德国等 12 个国家和地区。其权利要求共有 4 项，其中，独立权利要求 1 项。其保护的是一种能在 80℃ 以上增殖的从堆肥中衍生获得的超嗜热菌，该细菌可以作为一种有机物料腐熟剂，解决了有机物料腐熟过程中不能很好地杀死杂菌的问题。

（二）引证专利角度的核心技术

国内被引证前5件专利信息解读如下。

1. 专利CN101838613A

专利CN101838613A共被36件专利所引证，其中，9件专利在世界知识产权组织申请，27件专利在中国申请。该发明提供了一种有机物料腐熟剂，其主要用来快速降解农作物秸秆，菌剂组成为HLG草酸青霉、X2纤维素降解菌、L3木质素降解菌及HRQJ异常毕赤酵母菌，4种菌的配比为1∶1∶1∶1。

2. 专利CN101333127

专利CN101333127由华丰源生物科技有限公司在2007年申请，其共被30件专利所引证，其中，29件是在中国申请的专利，1件是在世界知识产权组织申请的专利。该发明提供了一种复合微生物肥料，适用于茶树作物的生产，能够改善泥土的结构及提供足够的水分、氧气及营养，提高种植茶树作物的产量和质量。其采用生物技术和电解技术互相配合，以微生物及矿化物质作为添加剂，加上营养配方制成复合微生物肥料。

3. 专利CN101294141

专利CN101294141由上海四季生物科技有限公司在2007年申请，共被27件专利所引证，其中，26件是在中国申请的专刊，1件是在世界知识产权组织申请的专利。该专利解决了微生物肥料中目标菌和辅助菌共生性不好、产品货架保存活菌不稳定、活菌在自然中适应性低和存活性差的问题。该发明涉及一组含多种活性微生物、适用于制备复合微生物肥料的微生物制剂组方及其制备方法。

4. 专利CN101225007

专利CN101225007由武汉市科洋生物工程有限公司在2008年申请，共被25件专利所引证，其中，24件在中国申请，1件在世界知识产权组织申请，该专利共有权利要求10项。该发明提供了一种生物鱼肥，应用于水产养殖领域。生物鱼肥的组成原料包括：微生物制剂、无机肥、发酵有机物、氨基酸螯合微量元素、复合多矿和水质改良剂。生产过程中采用现代生物工程技术、低温干燥技术、喷雾干燥技术、超微粉碎技术等于一体。

5. 专利CN101665374

专利CN101665374由新疆农业科学院微生物应用研究所在2009年申请，共被20件专利所引证，其中，18件在中国申请，1件在美国申请，1件在英国申请。该发明涉及了一种农业废弃物生产功能性微生物肥料的方法，将具有优良特性的由枯草芽孢杆菌、地衣芽孢菌、哈茨木霉等菌种组成的复合微生物制剂，添加到菇渣、棉籽壳、农作物秸秆和畜禽粪便等有机废物中，促进其发酵腐熟过程，将腐熟后的物料经科学配伍和调制，并添加促进作物根系发育生长的丛枝菌根菌剂，制成具有适宜理化特性的功能性微生物肥料。

国外被引证前5件专利信息解读如下。

1. 专利WO2008002371A1

WO2008002371A1是BECKER UNDERWOOD INC在2007年申请的，被引证专利50件。该专利公开了一种制备含有干燥剂的液体接种剂的方法。该方法能提高液体接种剂中细菌在包装容器内和施用于种子之后的存活和稳定性。该方法包括提供细菌生长已接近稳定期的液体接种剂以及将干燥处理剂加到上述液体接种剂中制得半干燥接种剂。

2. 专利WO9504814A1

该专利是INT TLB RES INST INC在1994年申请的，被引证专利43件。该专利公开了一种由集中组合物构成的生物肥料。该肥料包括4份链霉菌、2份酵母菌。链霉菌包括固氮菌、磷分解剂、钾分解剂、煤渣分解剂。

3. 专利US5733355A

该专利是NAGASE BIOCHEMICASL LTD在1996年申请的，被引证专利42件。该专利公开了一种生物肥料的制备方法。原料包含芽孢杆菌，用于产生脂肽，降低水表面张力，在厌氧条件下繁殖。

4. 专利US6228806B1

该专利是ORGANICA INC在1998年申请的，被引证专利42件。该专利公开了一种生物肥料，该肥料组成为：A有效质量的无机或有机肥料；B大量有益的微生物，进一步改善植株生长。

5. 专利WO02070436A3

该专利是ULTRA BIOTECH LTD在2002年申请的，被引证专利21件。该专利公开了含酵母细胞和有机基质的生物肥料组合物及制备方法以及使用方法。该生物肥料组合物可代替无机肥料向农作物植物提供氮、磷和钾。

四、中国生物肥料专利法律状态分析

图6-8为中国生物肥料专利法律状态。从图6-8中可以看出，在中国申请的生物肥料相关专利，已授权但失效的占到25.94%，已授权失效的占到6.05%，申请后主动撤回的占到15.53%，申请后被专利局驳回的占到

5.27%，目前仍在审查中的专利占到47.21%。从占比上可以看出，在中国申请的生物肥料相关专利，有近50%都是近几年申请的，也说明近几年生物肥料在国内发展非常迅速，市场容量也在不断扩大。

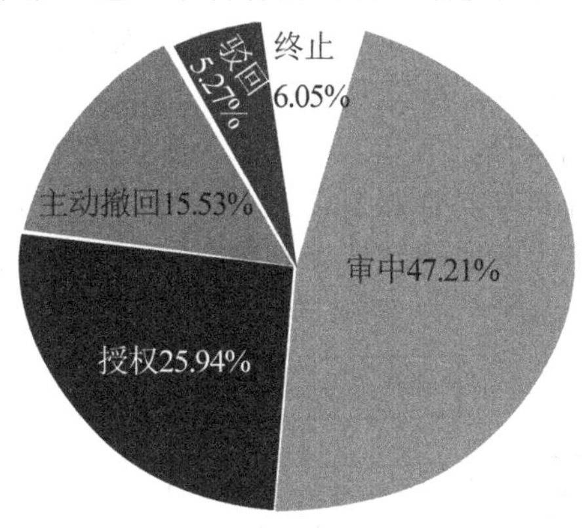

图6-8　中国生物肥料专利法律状态

第二节　农用微生物菌剂生产技术

农用微生物菌剂一般生产技术流程为：菌种→种子扩培→发酵培养→后处理→包装→产品质量检验。在实际生产中，关键是把握发酵工艺和后处理工艺。

一、发酵工艺

发酵工艺是指利用功能菌种发酵生产发酵液或菌粉的过程。一般有液体发酵和固体发酵两种方法。为了提供微生物最适生长条件，确保菌剂质量，便于生产管理，无论采用液体发酵还是固体发酵，一般先采用单一菌种纯培养生产发酵物（菌液或菌粉），然后根据产品剂型和质量要求，将发酵物与基质载体复合制成微生物菌剂。

（一）液体发酵法

1. 液体发酵工艺特点

液体发酵是指在生化反应器中，将菌株在生育过程中所必需的糖类、有机和无机含氮化合物、无机盐等一些微量元素以及其他营养物质溶解在水中作为培养基，灭菌后接入菌种，通入无菌空气并加以搅拌，提供适于菌体呼吸代谢所需要的氧气，并模仿自然界控制适宜的外界条件，进行菌种大量培养繁殖的过程。

液体发酵主要适于细菌、酵母菌等单细胞微生物。其优点是自动化程度高、劳动强度低、占用场地少、便于高产能大规模生产；缺点是生产条件要求严格、配套设备多、投资大、能耗高。

2. 液体发酵工艺流程

首先利用种子培养基斜面接种，进行一级、二级摇瓶培养，然后进行一级、二级种子培养，再接种到液态发酵培养基进行菌种发酵，制成发酵液。其生产工艺流程如图 6-9 所示。

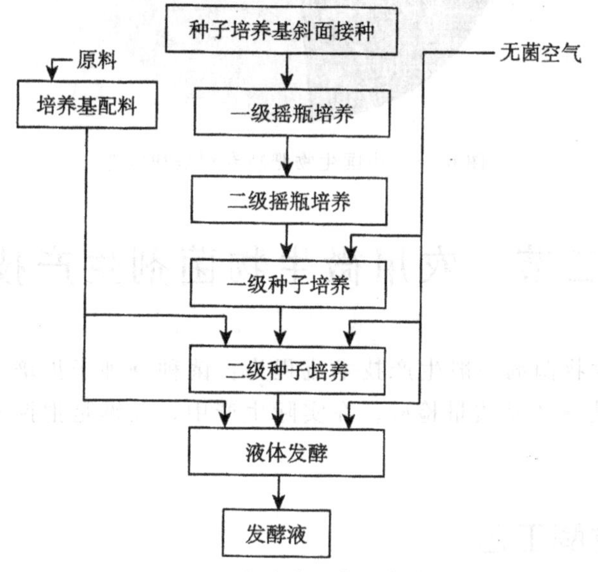

图 6-9 发酵液生产工艺流程

(二) 固体发酵法

1. 固体发酵工艺特点

固体发酵是指没有或几乎没有自由水存在的条件下，在有一定湿度的水不溶性固态基质中，利用一种或多种菌种发酵的生物反应过程。

同体发酵主要适于米曲霉、黑曲霉、绿色木霉、米根霉、白地霉等丝状真菌。其优点是对生产条件要求较低，发酵过程易控制，操作简便、产孢量高，设备简单，投资少、能耗低；缺点是自动化程度低，劳动强度高，占用场地面积大，发酵时间长，大规模产能受限制。

2. 固体发酵工艺流程

固体发酵工艺流程中菌种的制备与液体发酵相同。区别是将它接种到固态培养基，而不是液态培养基。其生产工艺流程如图 6－10 所示。

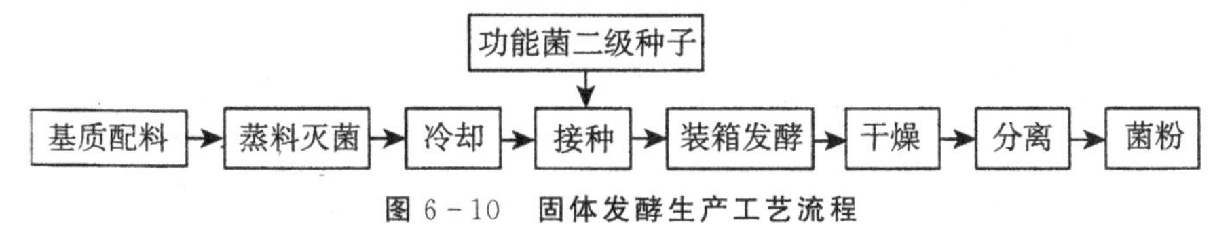

图 6－10　固体发酵生产工艺流程

二、后处理工艺

后处理工艺主要是指按照一定产品剂型与质量要求，将发酵物与基质复合剂制成菌剂产品的加工处理过程。其中包括发酵物直接分装和发酵物与基质复合处理两种类型。

（一）发酵物直接分装工艺

对于发酵物直接分装的产品剂型，可根据产品要求进行包装。在液体发酵过程中，可将液体发酵生产的发酵液直接分装制成液态菌剂产品。其工艺流程如图 6－11 所示。

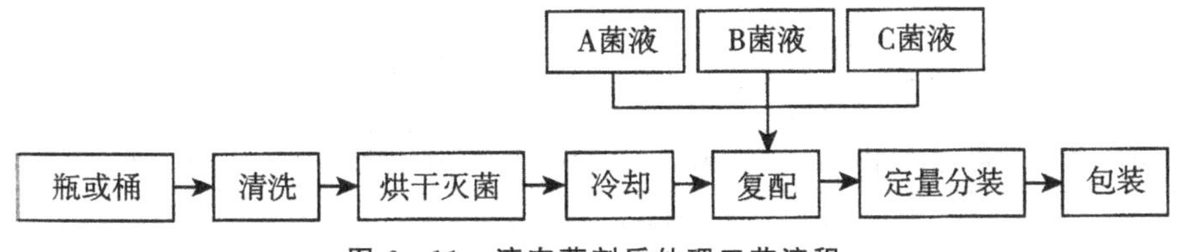

图 6－11　液态菌剂后处理工艺流程

在图 6－11 中，A 菌液、B 菌液、C 菌液代表同批次生产的不同功能菌的发酵，按一定比例直接混合复配即可分装。在实际生产中，可根据产品所用功能菌种类的实际情况选择进行增减。

在固体发酵生产中，可将发酵产物直接分装制成粉剂产品。其处理工艺相当简单，在此不作赘述。

（二）发酵物与基质复合处理工艺

为了便于粉剂或颗粒菌剂的生产，可先将发酵液复配后进行高浓缩处理制成菌粉。其生产工艺流程如图 6－12 所示。

在图 6－12 中，A 发酵罐、B 发酵罐、C 发酵罐、D 发酵罐分别代表不同菌种的发酵液，可根据欲生产菌剂产品所含功能菌种类的实际情况进行增减。

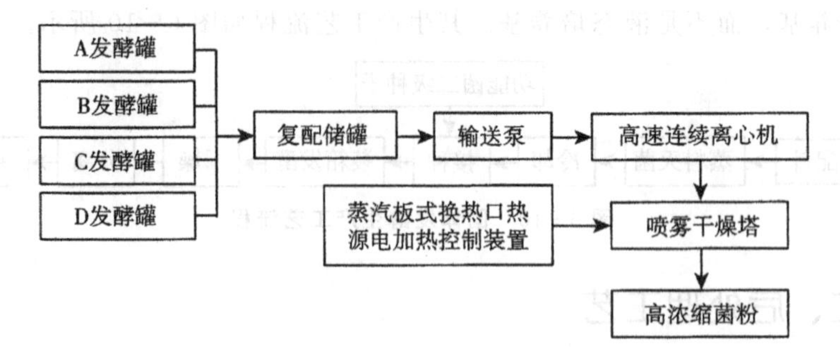

图 6－12　后处理制作菌粉生产工艺流程

粉剂和颗粒菌剂的生产，需将发酵物（菌液或菌粉）与基质混合吸附到载体上，其中颗粒菌剂还需要经过造粒过程，然后再筛选分装制成产品。其工艺流程分别如图 6－13 和图 6－14 所示。

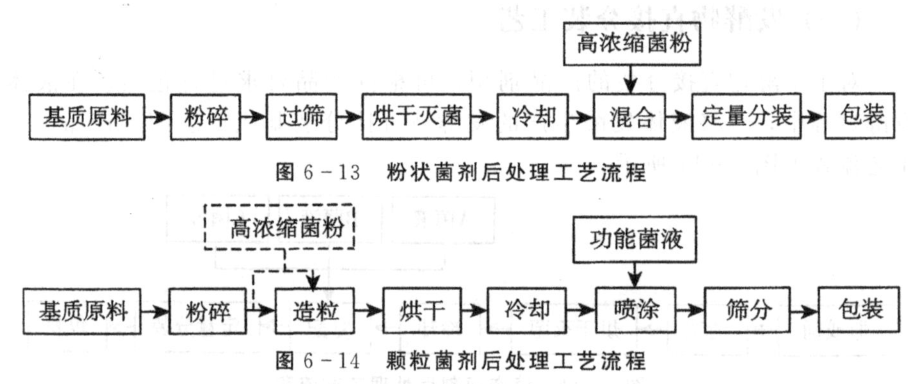

图 6－13　粉状菌剂后处理工艺流程

图 6－14　颗粒菌剂后处理工艺流程

图 6－14 中，发酵物与基质的复合，既可在造粒后用发酵液喷涂，也可用菌粉在造粒前或在造粒过程中与基质混合，即图中虚线部分。常用的造粒工艺有圆盘造粒和挤压造粒两种。

一般微生物菌剂的生产，菌种发酵和菌剂处理分别在发酵车间和后处理车间进行。在设计生产线时，通常根据微生物发酵车间的发酵能力和剂型要求，选配后处理车间及其加工、分装设备。

三、微生物液体深层发酵

（一）灭菌

微生物发酵过程的一个重要预处理过程是培养基或底物的灭菌，即将其中存在的各种微生物营养体（除孢子或芽孢外的菌体）和芽孢全部杀死（或除去）。培养基或底物经预处理后才能进入生物反应器，在生物催化剂的作用下，进行发酵或酶反应。此外，在好气微生物的发酵中，连续通入发酵罐的空气也必须是无菌的。因为发酵过程是在特定微生物参与下的串联反应过程，必须排除其他微生物的干扰，即在纯种发酵情况下进行；酶反应过程也必须排除杂菌的干扰。

1. 发酵培养基灭菌方法

一般都采用湿热法进行培养基的灭菌。蒸汽灭菌穿透性强，冷凝时放出大量潜热，在有水分的情况下蛋白质易于变性。具有效果好、价格低廉、操作方便等优点，特别适用于工业上大规模制备无菌培养基。在产业化生产中，主要有分批灭菌和连续灭菌两种方式。

（1）分批灭菌。

将待灭菌的培养基置于发酵罐内，用蒸汽通过罐的夹套或蛇管间接加热至90℃，然后将蒸汽直接导入发酵罐，使其升至一定温度并保持一定时间（一般为120℃，30min），然后将其冷却至一定温度，以便接入菌种开始发酵。其优点是不需要另加设备，在培养基灭菌的同时，也对发酵罐及附属管道进行了灭菌；缺点是培养基中有效成分破坏较多，发酵罐的非发酵时间占用较长。

（2）连续灭菌。

将待灭菌的培养基预热后，用泵连续通入蒸汽加热器，加热至规定温度后，再进入维持罐（或维持管）、冷却管，最后进入事先灭过菌的发酵罐。连续灭菌的采用温度较高而保持时间较短（一般140℃时为5min，160℃时为1min左右）。连续灭菌的最大优点是可以减少培养基中的有效成分因长时间加热而遭到破坏。这是因为菌体的死亡速度和有效成分的破坏速度虽然都随温度升高而增加，但后者的增加率不如前者大。因此，增加灭菌的温度，减少灭菌的时间，有利于有效成分的保留。如在120℃，将很难杀灭的嗜热脂肪芽孢杆菌减至10^{-6}级（一般灭菌均以此为指标）时所需理论计算时间为7.6min，培养基中的维生素B_1的破坏率为27%；而当灭菌温度增至140℃时，杀灭同样数量的上述微生物，所需时间仅为6.4min，维生素B_1的破坏率也下降为3%。连续灭菌适用于这种高温快速的灭菌操作，大型发酵工厂常采用此种方法。

2. 无菌空气制备

在产业化生产中，普遍采用介质过滤法制备无菌空气。介质过滤法分为深层过滤法和绝对过滤法两种。

（1）深层过滤法。将空气通过以纤维状或颗粒状填料为介质主体的过滤床（常用的填料为棉花、玻璃纤维、经改性的合成纤维、活性炭等）。过滤床的空隙一般大于细菌，它是靠拦截、惯性撞击、静电吸附等作用来除菌的。

(2) 绝对过滤法。采用的是一些孔隙小于细菌的薄膜，其孔径为0.22μm、空隙率为80%。空气过滤器的设计要求除菌效率高、流量大、压降小、装卸方便、价格适当。新型的空气过滤器，用圆筒状微孔滤膜为介质主体，在其两侧各有一层粗过滤介质和多孔金属护筒，制成易于装卸的滤筒。一个过滤器中可根据需要装上多个滤筒。

在空气过滤过程中，应避免湿润的空气进入过滤器；否则析出的水分会使过滤器失效或降低其过滤效率。为此，需将空气进行预处理，即将从压气机中排出的空气先经过冷却和析出水分，然后加以适当升温使空气的相对湿度下降至60%左右再进入过滤器。

3. 发酵罐空消操作与过程控制

(1) 消毒前准备。接到生产调度指令后开始空消。首先进行以下检查：

1) 罐内是否清洗干净。

2) 压力表是否回到零位。

3) 温度计是否指示正常。

4) 搅拌电机是否正常。

5) 罐内各部件是否正常。

6) 螺栓是否松动。

7) 视镜是否正常。

8) 工作灯是否正常。

9) 轴封是否泄漏。

10) 入孔垫圈是否完整。

11) 检查各进罐的第一个阀门。

12) 检查总蒸汽压强是否达到0.3MPa。

13) 若各项检查中有不正常者应立即检修。发酵罐各部位均正常时方可开始消毒。

(2) 进行消毒。

1) 打开工作灯，在视镜上盖上抹布。

2) 盖好罐盖，将螺栓上紧到位。

3) 排净夹层冷却水，打开夹层排空阀。

4) 打开罐顶各排蒸汽阀门（开到最大后回旋一圈）。

5) 关好其他各蒸汽阀门、空气阀门、第一阀门。

6) 打开空气第一阀之前的跑风，稍开蒸汽阀，排冷凝水。

7) 打开罐底排污阀，稍开罐底蒸汽阀排冷凝水。

8) 打开取样口排空阀，稍开取样口蒸汽阀，排冷凝水。

9）待蒸汽冷凝水排净后，关上各排冷凝水阀门，开大各蒸汽阀门。

10）逐渐开启罐底阀、空气第一阀、取样口第一阀，向罐内通入蒸汽。

11）待各排蒸汽阀门排出蒸汽后，逐渐关小罐顶排气阀门、接（倒）种阀门、表阀门，使罐压上升。

12）在罐内蒸汽压及温度上升过程中，适当调整各进（排）蒸汽阀门，使压强最终稳定在0.11MPa，温度稳定在124℃左右。

13）适当调整各进（排）汽阀门，使罐内压强、温度保持稳定，排蒸汽量既不要过大，又要使各排蒸汽口的蒸汽有力地喷出。

14）进蒸汽以罐底阀为主，排蒸汽以主排气阀为主。

15）保压1h。

（3）结束消毒。

1）保压结束后，关闭各进蒸汽阀门。由第一阀按顺序向后关，将各阀门、跑风全部关闭。

2）不要关闭各排蒸汽阀门，使罐压自然降至零。

3）必要时排净罐内冷凝水。

4）检查各阀门、仪表是否正常，等待投料实消。

4. 发酵罐实消操作过程控制

（1）投料。接到生产调度指令后，开始实消前先检查各仪表、罐内各部件、视镜、工作灯、人孔垫、搅拌电机等。检查总蒸汽压强是否达到0.3MPa。一切正常时方可按下列程序投料。

1）打开人孔盖。

2）按公称容积的70%投料（投料系数0.7）。

3）按投料体积的5%扣除菌种体积，按投料体积的15%～20%扣除冷凝水体积后加水，不要一次加到位，投料后再定容。

4）开始搅拌。

5）检查是否按顺序将配料单上的物料全部投完。

6）用少量水将罐内部件上的物料冲净。

7）加水定容。

8）上好人孔盖。

注意事项：将物料严格按配方顺序投入罐内，投料时需先将不易溶解的物料在盆或桶中溶解，然后缓缓倒入罐内。

（2）消毒。

1）将夹层内冷凝水排净，在视镜上盖上抹布。

2）打开罐顶各排蒸汽阀。

3）打开空气第一阀前的跑风，稍开蒸汽阀门，排冷凝水。

4）打开罐底排污阀门，稍开罐底蒸汽阀门，排冷凝水。

5）打开取样口排空阀门，稍开取样口蒸汽阀门，排冷凝水。

6）待冷凝水排净后，关上各排冷凝水阀门，开大各蒸汽阀门。

7）逐渐开启罐底阀、空气第一阀、取样口第一阀，向罐内通入直接蒸汽。

8）待罐内温度达到90℃时，注意观察各排蒸汽口排蒸汽情况。

9）当罐内温度达到100℃后，注意开始逐渐减少排蒸汽量。

10）在罐内压强上升到0.11MPa以上，罐内温度稳定在124℃左右时，保压0.5h。

11）保压过程中要适当调整各进、排汽阀门，保持罐压、罐温稳定。

12）保压过程中时常通过视镜观察罐内物料翻腾情况及泡沫情况。

13）实消结束时，先关闭仪表阀门、接（倒）种阀门、排蒸汽阀门。

14）关闭罐底第一阀、空气第一阀、取样口第一阀，最后依次关闭各蒸汽阀门。

15）开启空气第二阀，使无菌空气通过第一阀。

（3）冷却。

1）关闭夹层排空阀门，打开夹层回水阀门，打开夹层上水阀门，注意调整进水阀门不要使上水量过大，夹层压强不得超过0.1MPa。

2）待罐内压强降到0.05MPa时，及时打开空气管路进罐第一阀通入空气。同时适当开启排气阀门，使罐内压强稳定在0.1MPa以下。此时注意调整进、排气阀门，不要使物料翻腾过大。

3）注意仪表的滞后效应，在冷却到30℃前关闭夹层上、下水阀门。

4）注意保持罐内温度在30℃左右。

5）停止搅拌，保压待用。

（二）保压操作过程控制

（1）待接种保压。适当调整进排气阀门，使罐压维持在0.1MPa以下，并使罐压与高效过滤器间的压差维持在0.1MPa左右。保压过程中维持罐内温度在工艺规定的发酵温度。

（2）排料保压。将罐压维持在0.1～0.15MPa，罐压与高效过滤器间的压差要保持在0.05MPa以上。开冷却水降温，使罐温保持尽量低的水平。每隔1h搅拌5min。

（3）停电保压。一旦发现停电，必须立即对正在运行的发酵罐、种子罐、储罐及空气管道采取保压措施。具体做法是：首先，立即关闭发酵罐（正在运行的）、储气罐上的排气阀门，待其压力上升到0.1MPa时，关闭进气第一阀。然后，立即关闭各罐、过滤器、空气管路上的所有排气阀、排污阀、表阀、考克阀等。

这一措施的实施要求空压机、消毒、发酵等岗位人员全部参与。行动要迅速，不得拖延。

(三) 接种与倒种操作过程控制

1. 接种操作过程控制

(1) 首先检查各项有关用品是否准备到位。

(2) 抱接种瓶的同时压紧胶塞，瓶上盖一件工作服。

(3) 将种子罐压强调至 0.08MPa 以下。

(4) 在酒精棉火焰的保护下取下接种口保护套及接种瓶胶管上的纱布，迅速将胶管插到接种口上。

(5) 全开接种口阀门，用压差法分次将种液倒入种子罐。

(6) 关闭接种口阀门，取下接种瓶胶管。

(7) 拧上保护套，关紧旋塞阀。

(8) 调整罐压、风量、温度，开始进行发酵。

2. 倒种操作过程控制

(1) 倒种管路及分布站的消毒。

1) 检查总蒸汽压是否达到 0.3MPa。关闭分布站上所有阀门。

2) 打开分布站上通往准备倒种的发酵罐及种子罐的阀门，打开分布站排污阀门。

3) 打开准备倒种的种子罐底阀上的跑风，打开准备倒种的发酵罐倒种阀门上的跑风。

4) 打开分布站蒸汽阀门，进蒸汽。

5) 待冷凝水排完后，适当关小各跑风及排污阀门，使倒种管路内保压，消毒 1h。

(2) 冷却。

1) 关闭各跑风及分布站排污阀。

2) 关闭分布站蒸汽阀门。

3) 打开分布站上任 1～2 个跑风，待蒸汽排出明显减小后关闭。

4) 将准备倒种的发酵罐空气压强升到 0.1MPa。

5) 打开发酵罐倒种阀门，使空气进入倒种管路。

6) 打开各跑风（包括种子罐底阀上的跑风）。

7) 稍开分布站排污阀门。

8) 用空气吹干并冷却倒种管路及分布站 10min。

(3) 倒种。

1) 关闭各跑风及分布站排污阀门。

2) 将发酵罐压强降至0.03MPa。

3) 将种子罐压强升至0.1MPa。

4) 全开种子罐底阀。

5) 从视镜观察种子液是否正常倒入大罐。

6) 待种子液倒完后，关闭发酵罐倒种阀门。

(4) 发酵罐开始运行。按工艺要求调整接种后大罐的风量、压力、温度后，由消毒岗位向发酵岗位交接，开始运行记录。

(5) 分布站及种子罐的处理。

1) 关闭种子罐底阀，打开分布站及底阀跑风，打开分布站排污阀，打开蒸汽阀门通入蒸汽消毒10min，然后关闭。

2) 关闭种子罐空气第一阀，打开排气阀，使罐压降至零，打开视镜。

3) 冲洗，检修。

(四) 升温与降温操作过程控制

发酵过程中如果罐内温度超出工艺要求的±1℃的范围，则需要采取升温或降温措施。

1. 升温操作

(1) 在罐温过低时，打开夹层压力表阀，打开夹层底部进气阀，对夹层水进行升温。

(2) 注意温度计读数变化，用手触摸夹层，判断罐温的变化，由于滞后效应的存在，要在温度升到工艺规定值前停止加热，以免升温过高。

(3) 关闭进气阀，关闭仪表阀门，停止升温。

2. 降温操作

(1) 在罐温过高时，打开循环水回水阀，打开循环水上水阀，进行冷却降温。在注意温度计读数的同时，用手触摸夹层，判断罐温的变化。

(2) 注意提前停止降温。

(3) 关闭上水阀，关闭回水阀，停止降温。

(五) 高效过滤器消毒过程控制

高效过滤器必须经过蒸汽消毒后方可使用。

1. 消毒操作

(1) 关闭高效过滤器与中效过滤器间的阀门。

(2) 打开蒸汽管路上最近的排出口，排蒸汽冷凝水。

（3）打开蒸汽过滤器前的蒸汽阀门，进蒸汽。

（4）打开蒸汽过滤器上的排污阀门，排冷凝水。

（5）打开蒸汽过滤器后的阀门，使蒸汽进入高效过滤器。

（6）打开高效过滤器仪表阀门及排污阀门，排冷凝水。

（7）打开空气进罐第一阀上的跑风，排冷凝水。

（8）待各阀门、跑风有持续的蒸汽排出后，将其适当关小，调整进汽阀门，使高效过滤器上的压强稳定在0.08MPa。

（9）保压消毒20min。

（10）消毒结束前开启空压机。

2. 结束操作

（1）消毒结束时关闭蒸汽第一阀，待高效过滤器表压降至0.05MPa时开启高效过滤器与中效过滤器间的阀门，换气。

（2）关闭各蒸汽阀门。

（3）用空气吹干高效过滤器，保压待用。

第三节　生物有机肥生产技术

一、有机物料腐熟加工工艺

（一）有机物料堆腐工艺

目前，普遍采用的堆腐工艺主要有静态曝气、条形堆和发酵仓式三种。在堆腐过程中，堆腐方法和手段、堆腐原料的均匀程度、含水量和氧气条件等，都会影响堆腐质量，进而影响产品的稳定性。

1. 静态曝气堆腐工艺

将有机物料制成不同体积的垛，在堆腐过程中不进行物料翻堆，而是利用通气管道进行人工鼓风通气。其优点是容易控制温度和通风，堆腐产品稳定，能够较好地杀灭病原菌和杂草种子，占地少、堆腐时间短；缺点是容易受到气候影响，在大量通气条件下氮损失较大、能耗大。

2. 条形堆堆腐工艺

将堆腐物料以条垛状堆制，垛断面可以是梯形、不规则四边形或三角形。为解决渗漏问题，一般将条垛设在水泥或沥青地面上，或用水泥建成槽状。根据堆体的温度、湿度和通气状况，通过定期人工或机械翻堆来调控堆体的通气、水分和温度。一般堆腐前期微生物活动旺盛，因此翻动频率高，堆腐后期翻堆频率降低。其优点是所需设备简单，投资成本较低，翻堆时水分蒸发快，堆料干燥快，堆腐产品稳定性好；缺点是占地面积大，需要频繁监测，翻堆易引起氮损失和臭味散失，堆腐质量受气候条件影响大。

3. 发酵仓式堆腐工艺

将有机物料堆放在密闭或半密闭的容器内，控制通气和水分条件，使物料发生腐熟降解，可实现高度的机械化和自动化。整个工艺包括通风、温度控制、水分控制、无害化控制和物料腐熟几个方面。其优点是堆腐设备占地面积小，能很好地控制发酵过程的水分、通气和温度，堆腐过程不受气候条件的影响，便于统一收集、处理废弃物、防止二次污染，同时解决了臭味问题，可回收利用发酵过程中的热量；缺点是设备投资成本高，运行和维修费用高，产品潜在不稳定性，几天的堆腐不足以达到腐熟，后熟期长。

上述三种堆腐工艺，发酵过程基本相同，但各有优缺点。在选择利用时，应具体情况具体分析。一般在资金有限但场地不受限制时，可采用静态曝气和条形堆堆腐工艺。在资金充足的条件下，可采用发酵仓式堆腐工艺，以减少堆腐过程对环境的污染。

（二）堆腐发酵条件调控

1. 碳氮比（C/N）调控

有机物料的C/N是微生物活动的重要营养条件。碳主要为微生物生命活动提供能源，氮则用于合成细胞原生质，是微生物的营养源。C/N直接影响微生物分解有机物的速度，进而决定发酵速度和堆腐产品的质量。实践证明，堆腐过程中，有机物料的C/N一般控制在（20～35）∶1为宜。若C/N过低（小于20∶1），微生物繁殖会因为能量不足而受到抑制，导致分解缓慢且不彻底，并且氮素养分相对过剩，不仅易产生铵态氮挥发损失，而且会增加臭气排放污染环境；而当C/N过高（大于35∶1）时，氮素供应不足，同样会降低物料降解速度，延长发酵过程，二氧化碳挥发多，高温持续时间长，而且制成肥料施入土壤后还会夺取土壤中的氮素，即产生争氮现象，抑制作物生长。

为保证堆腐物料适宜的C/N，必须适当调节有机物料的C/N。一般有机物料的初始C/N大于35，如人粪尿、畜禽粪便、肉类食品加工废弃物、城市污泥等，通过添加适量氮肥等富含氮材料可使C/N降到30以下；少数有机物料的初始C/N小于20，如猪C/N平均为14∶1、鸡粪平均为8∶1、化纤污泥平均为10∶1，则需添加高C/N的秸秆粉、草炭等物料进行调节，一般适宜添加量为稻草14%～15%、木屑3%～5%、菇渣12%～14%、泥炭5%～10%,谷壳、棉籽壳和玉米秸秆等一般加入量为15%～20%。已有研究表明，鲜猪粪与油菜秸秆混合堆腐发酵的最佳C/N为22.72，即鲜猪粪与油菜秸秆的质量比为6.5∶1，猪粪与小麦秸秆的体积比为6∶4。此外，当有机原料的C/N已知时（常规有机物料C/N见表6-3），也可按下式计算所需添加的氮源物质的数量：

$$K=\frac{C_1+C_2}{N_1+N_2}$$

式中：K为混合原料的C/N，通常混合后的最佳值取为35∶1；C_1、C_2分别为有机原料和添加物料的含碳量；N_1、N_2分别为有机原料和添加物料的含氮量。

表6-3　各种有机物料的含氮量和C/N

有机物料	N（%）	C/N
大便	5.50～6.50	6～10
小便	15～18	0.80
猪粪	0.50	7～15
鸡粪	1.63	5～10
牛粪	0.30～0.45	8～26
麦秸	0.48	96.90
厨房垃圾	2.15	25
农家垃圾	2.15	14
猪厩肥	3.75	11
牛厩肥	1.70	18
混合厩肥	2.30	25
玉米秸	0.48	88.10

例如，有机原料为麦秸1000kg，计算需添加多少猪粪可达到适宜C/N。

由表6-3可查出：麦秸含碳量46.5%，含氮量0.48%；猪粪含碳量7.5%，含氮量0.5%。假设1000kg麦秸需添加Xkg的猪粪，则$K=35$，$C_1=1000\times46.5\%$，$C_2=X\times7.5\%$，$N_1=1000\times0.48\%$，$N_2=X\times0.5\%$，由公式计算可得$X=2970$。即用麦秸1000kg需添加猪粪2970kg，可使C/N

达到35∶1。

2. 水分调控

水分调控是制约堆腐发酵能否顺利进行的重要因素。水分既是微生物细胞的主要组分，也是微生物生命活动的基本条件之一，直接参与微生物的新陈代谢。同时，水分也是矿质养分及有机物溶解和运输的介质，水分的蒸发可调节堆腐的温度，影响设备的通风能力以及堆腐的结构强度。因此，在堆腐配料过程中必须调控有机物料达到适宜的水分含量，方可保证堆腐发酵的顺利进行。水分调控的方法主要有加水调节、发酵前事先浸泡堆腐材料，以及干、湿材料搭配。

通常认为好气堆腐原料的最佳含水量在50%～60%，水分含量过低（小于30%）将抑制微生物代谢，降低微生物活性。当含水量小于12%时，微生物将停止活动；当含水量小于40%（后熟期除外）时，可适当补充水分。同样，含水量过高会造成水分滞留，降低连腐速度。当含水量大于60%时，会使通气孔隙减少，阻碍空气在堆腐物料中的输送和扩散，抑制微生物的生长繁殖。同时，使堆体处于厌氧环境，导致硫化氢等恶臭气体和甲烷产生以及营养成分的沥出损失。当水分超量时，既可通过翻堆促进水分蒸发，也可添加麦糠、稻糠、木屑或粉碎的秸秆等松散吸水物作辅料进行调节。添加的辅料与原料的质量比可通过下式计算：

$$M=\frac{W_m-W_c}{W_b-W_m}$$

式中：M为辅料与原料的质量（湿重）比；W_m、W_c、W_b分别为混合原料含水量、原料含水量、辅料含水量。

3. 通气调控

通风是影响堆腐成功的重要因素之一。主要作用是提供氧气，促进微生物发酵过程；同时，既可通过供气量的控制来调节温度、稀释臭味，也可通过加大通风量去除多余的水分。

堆腐过程中需氧量的多少与堆腐材料中有机物含量密切相关，堆腐材料中有机碳越多，其耗氧量越大。堆腐过程中适宜的氧浓度为5%～15%，一旦低于5%，就会抑制堆腐过程中好氧微生物生命活动，导致厌氧发酵，产生恶臭；高于15%，则会使堆体冷却，导致病原菌大量存活。一般采用翻堆或者强制通风的方式来调节通气。

（1）翻堆。通过对有机物料进行翻倒或搅拌，使空气中的氧气与物料充分接触，提供生物氧化所需的氧气。条垛堆腐系统常用这种通风方式。除了提供氧气外，翻堆还有利于热量的散发。当堆体温度高于65℃时，微生物生长受到抑制，可通过翻堆降低堆温。猪场垫料堆腐时，每4d翻堆一次是最合适的翻堆频率。在机械作业的条件下，应该每天翻堆一次。此外，通过翻堆使堆体表层、中部和底部物料互换位置，也利于物料均匀发酵腐熟。翻堆还有利于水分蒸发，随着腐熟的进行，水分含量不断下降，有利于达到肥料产品含水量的要求。

（2）强制通风。强制通风有正压鼓风、负压鼓风和由正压鼓风与负压鼓风组成的混合通风。空气通过充气泵和气体流量计进入发酵槽，将发酵槽产生的臭气完全排入大气中（图6-15）。强制通风易于操作和控制，是堆料供氧最有效的通风方式。强制通风静态垛系统和发酵仓（反应器）系统常用这种通风方式。已有研究表明，养殖废弃物堆腐发酵最优通风量为0.3m^3/min。

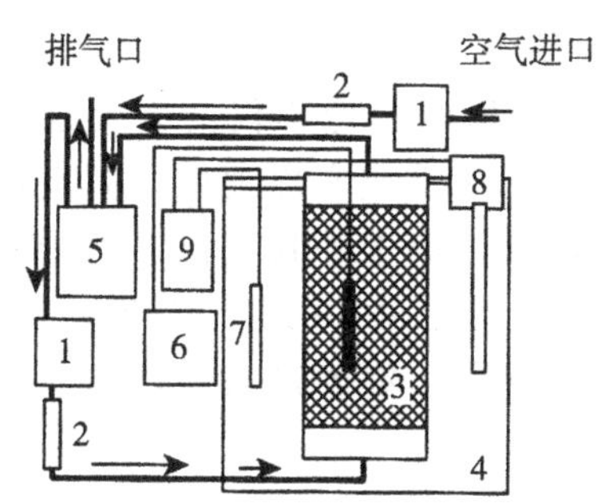

图6-15　堆腐发酵试验装置示意图

1—充气泵；2—气体流量计；3—发酵槽；4—保温水槽；5—气体混合瓶；6—堆腐物温度计记录器；7—温度探头；8—加热器；9—水温恒温控制器。

（3）强制通风与机械翻堆相结合。强制通风与机械翻堆相结合可使堆腐温度升高加快，促进NH_4^+-N向NO_3^--N的转化，有利于水溶性碳的分解和固相C/N的降低，从而有利于加速发酵腐熟。

通过通风量控制，一般使堆腐前期进行好气发酵，有利于降低堆料的C/N，促进养分快速释放；到了后期，则应使其进行厌气发酵，以利于保存养分，促进腐殖质形成。

4．温度调控

堆体温度（简称堆温）是决定有机物料腐熟质量的重要因素。温度主要影响微生物生长繁殖和代谢活性。一般认为，嗜热菌对有机物的降解效率高于嗜温菌。同时，微生物的代谢活动也会改变堆温。好氧堆腐过程大致分为升温、高温和降温（腐熟）三个阶段。

（1）升温阶段。堆体最初温度一般与环境温度相一致，随着微生物的生长繁殖，当分解有机物所释放出的热能大于堆腐的热耗时，堆温开始上升，即进入升温阶段。在升温阶段，堆层基本呈15～45℃的中温，嗜温菌较为活跃，分解大量的有机成分。

(2) 高温阶段。经过嗜温菌1～2d的作用，堆腐温度便进入高温阶段。此时，堆温能达到50～65℃，嗜温菌受到抑制，嗜热菌活动旺盛。堆料中木质素和纤维素等难降解成分主要在这一阶段被降解，同时开始了腐殖质的形成过程。并且，堆料中的寄生虫卵、致病菌、病原体和草籽等被杀死。一般高温阶段持续5～7d。注意堆温以60～65℃为最佳，当堆温升至70℃后，应翻堆降温，或水分不足时喷水降温，将堆温控制在70℃以下。

(3) 降温阶段。经高温阶段后，便进入降温阶段。在此阶段，微生物的代谢活性下降，发热量减少，温度降到40℃以下，直至常温，嗜温菌再次占据优势，进一步分解残余的较难分解的有机成分，腐殖质不断增多且稳定化，因而也称之为腐熟阶段。该阶段需氧量大大减少，含水量降低，后熟期间只翻堆1～2次便可。

在整个腐熟过程中，若堆温过低不仅会大大延长腐熟时间，而且不利于杀灭虫卵和病菌，因此在冬季或寒冷地区，应设法提高堆温。一般可添加适量马粪作发热材料，或采取堆外封泥保温等措施。若堆温过高（大于等于70℃），微生物活性受到抑制，也会抑制堆腐发酵的生化进程。因此，确定和维持最佳堆温至关重要。温度过高时，可通过堆翻、强制通风等措施来降低堆温。

5. pH 调控

有机物料发酵过程适宜的pH值为6.5～7.5，当pH值过高（pH大于9）或过低（pH小于4）时，会降低微生物活性，减缓微生物降解速度，因此需要及时调整。

堆腐初期，常会产生一些有机酸类物质，使堆料的pH值逐渐下降。因此，需加入一定量的碱性物质，可向堆料中添加消石灰0.6～6.1kg/t或碳酸钙0.8～8.5kg/t，也可在秸秆物料中添加石灰或草木灰10～15kg/t。堆腐后期，由于氨的释放累积，会导致堆料pH值升高。如果pH值过高，可添加新鲜绿肥、青草等，由于其分解产生有机酸类物质，可以适当降低pH值。

(三) 先进适用的堆腐方法

1. "301" 菌剂堆腐法

"301" 菌剂能迅速催化分解各种作物秸秆、杂草，杀灭病菌、害虫、草籽，使物料在短时间内充分腐熟。在堆腐过程中，"301" 菌剂中的微生物能合成大量的菌体蛋白，从而大幅提高堆腐质量，增产效果显著。同时，它具有生长周期短、繁殖快、易培养的特点，先进适用，简便易行。

"301" 菌剂堆腐适用范围广，平原、丘陵等均可使用，且不受季节限制，堆腐周期短（夏天需 4 周，冬天需 6 周）。堆腐秸秆应选择地势平坦、靠近水源的场地。冬季气温低，应选择背风向阳处堆制。

堆腐 1000kg 的秸秆，需棉籽壳剂型“301”菌剂 5kg 或“301”复合菌剂 1kg、尿素 5kg（也可用 10%的人粪尿或牛、马粪代替），除过长的玉米秸秆需铡成 30cm 左右的碎段外，一般秸秆均可直接堆腐。堆腐的技术要点可概括为 6 个字：“喝足”“吃饱”“盖严”。

（1）“喝足”。水分充足是纤维素水解的关键。堆腐时必须充分湿透秸秆。由于干秸秆极难浇透，可先在地上挖 1.5～2m 宽、0.3～0.5m 深、长度不限的沟，既可边堆秸秆边浇水，也可将秸秆摊开，浇湿后再堆，还可麦收后秸秆不合垛，散放在准备堆腐的地方，利用自然降水湿透后再堆。封堆后应勤检查，若水分不足，应在堆顶打洞补水。

（2）“吃饱”。堆腐时，一定要按干秸秆质量 0.5%的棉籽壳剂型或 0.1%复合菌剂型撒足“301”菌剂，按 0.5%撒足尿素，也可用 10%的人粪尿或牛、马粪代替尿素。从下至上分 3 层堆积，一、二层各厚 50～60cm，第三层 30～40cm，分别在各层上部撒“301”菌剂和尿素，用量比由下到上为 4∶4∶2。

（3）“盖严”。为了保水、保肥、保温，必须在堆积结束后，立即就地用 3～4cm 厚的泥封堆，使堆顶呈盘状，堆体两边与地表呈 70°～80°的夹角。若冬天堆腐，既可在堆顶盖塑料膜增温，也可在堆内加少量驴粪、马粪，以利于提温启动发酵。

2. 催腐剂堆腐法

秸秆腐解程度取决于微生物的活跃程度及其作用效果。微生物繁殖的快慢决定着秸秆的腐解速度，而微生物的繁殖快慢受营养物质丰缺的制约。有效营养丰富，则微生物繁殖速度快，反之繁殖速度慢。催腐剂是根据微生物的营养机理，选用满足有益微生物营养需求的化学物质，按一定比例配成的制剂。因其有加速秸秆腐解的作用，所以被称为催腐剂。

催腐剂由氯化亚铁、磷酸镁、硝酸钾、氰氨化钙、亚硫酸氢钠组成，其含量分别是 60%～80%、6%～10%、2%～4%、10%～22%、2%～4%。催腐剂可加快堆腐速度，使堆料养分分解完全，堆腐质量高。该催腐剂组合简单，性能稳定，成本低，适用于堆腐秸秆。利用该催腐剂堆腐秸秆，方法简便易行，只要掌握好“水足”“药匀”“封严”六字要领，就能成功。

（1）“水足”。按秸秆与水 1∶（1.7～2）的比例先将秸秆施足水，以确保发酵期间微生物所需的水分。这是堆腐成败的关键之一。

（2）“药匀”。按秸秆量的 0.12%施足催腐剂，即一般每吨秸秆应加催腐剂 1.2kg，先用 100kg 水将其溶解制成溶液，然后用喷雾器均匀喷拌于已施足水的秸秆。

（3）“封严”。催腐剂喷拌均匀后，将秸秆垛成宽1.5～2m、高1m的堆，轻轻拍实（不要踩实）后，用厚度2cm的泥抹好封严，防止水分蒸发及养分流失。冬季应加盖塑料膜保温。

用该催腐剂堆腐秸秆，第三天堆温即可上升到50℃以上，且50℃以上的高温期达15d。在夏季，20d左右秸秆即可腐熟。由于堆温高、维持时间长，不仅能杀灭秸秆中的致病真菌、虫卵和杂草种子，而且能加速秸秆腐解，提高堆腐质量。

3. EM堆腐法

EM（Effective Microorganism）是一种好氧和厌氧有效微生物群，主要由光合细菌、放线菌、酵母菌和乳酸菌等组成，具有除臭、杀虫、杀菌、净化环境等多种功能，适用于堆腐人粪尿和畜禽粪便。堆腐的技术要领：备用液、制备引物、制堆。

（1）备用液。按EM原液50mL、清水100mL、含30%～50%乙醇的烧酒100mL、蜂蜜或红糖20～40g、米酪100mL的配方，配制成备用液。

（2）制备引物。将人、畜粪便风干至含水量30%～40%；取稻草、玉米秸、麦秸、青草等，切成长1.5cm的碎段，加少量麦麸搅拌均匀，制作膨松物，作为堆腐发酵的引物。

（3）制堆。将发酵的膨松物与粪便按10∶100（质量比）均匀混合，并在水泥地上制成长约6m、宽1.5m、厚20～30cm的堆底层。然后，在堆底层上薄薄地撒上一层麦麸或米糠等物，每100kg堆料再洒上100～150mL EM备用液。按同样的方法，上面再制作第二层，每堆制作3～5层。最后，盖上塑料薄膜发酵。当堆温升到45～50℃时，需翻堆降温再进行发酵，以免破坏有效物质。一般需翻堆3～4次。

（4）堆腐成功的标志。堆体表层长出白色菌丝，有一种特殊的芳香味，没有臭味，表明堆料成功腐熟。如果有恶臭味，表明堆腐失败。一般腐熟夏季需7～15d，春、秋季需15～25d，冬季所需时间会更长。

4. 发酵堆腐法

在没有EM原液时，可采用发酵堆腐法，用自制发酵粉代替EM原液。

（1）发酵粉制备。按米糠14.5%、油饼14.0%、豆粕13.0%、糖类8.0%、水50.0%、酵母粉0.5%的配方备料。先将糖类溶解于水，再加入米糠、油饼和豆粕，充分搅拌均匀后堆放，在60℃以上的温度下发酵30～50d。再用黑炭粉或沸石粉按质量1∶1的比例进行稀释，搅拌均匀即成。

（2）配料制堆。先将粪便风干至含水量30%～40%。将粪便与切碎的秸秆等膨松物按质量100∶10的比例均匀混合，每100kg混合原料中加入

1kg 发酵粉，充分混合均匀。然后，在堆腐舍中堆积成高 1.5～2.0m 的堆体，进行发酵腐熟。

(3) 翻堆腐熟。在发酵期间，根据堆温的变化判定发酵腐熟程度。当气温为 15℃时，堆后第三天堆体表面以下 30cm 处可达 65℃。堆腐 10d 后可进行第一次翻堆。翻堆时堆体表面以下 30cm 几乎无臭味。每隔 10d，进行第二次、第三次翻堆。第二次翻堆时，堆体表面以下 30cm 处温度为 60℃；第三次翻堆时，堆体表面以下 30cm 处温度为 40℃。第三次翻堆后温度降为 30℃、水分含量达 30%左右时不再翻堆，等待后熟。后熟一般 3～5d，最多 10d 即可达到充分腐熟。

5. 酵素菌堆腐法

酵素菌速腐剂是目前国内应用效果较好的好氧微生物发酵剂。酵素菌堆腐法属好氧发酵堆腐。由于好氧堆腐时堆温一般在 50～60℃，而此法可高达 80℃以上，故亦称高温堆腐。堆制技术的主要要领：配料、制堆和翻堆。

(1) 配料。以稻草、麦秸、玉米秸、麸皮和干鸡粪等作为原料，原料配方是麦秸、麸皮、钙镁磷肥、酵素菌速腐剂、红糖、干鸡粪的质量配合比例为 50：6：1：0.8：0.1：20；玉米秸堆腐前需要粉碎，一般粉碎成 5cm 左右的碎段为宜。

(2) 制堆。采用条垛式堆法，一般宽 2.5m，高 1.5～2.0m，长度不限。先在水泥地面上或铺塑料膜的地面上平铺厚 30～40cm 的麦秸。然后，往麦秸上均匀喷水，以喷透为度（可以先小喷一遍，将麦秸略做翻动再喷），使水分含量达到 45%～60%。用手握紧原料有水滴挤出，表示水分适度。根据麦秸质量确定干鸡粪量，将干鸡粪等均匀铺洒在平铺的秸秆上；再按照秸秆质量确定麸皮和菌剂量，将麸皮和菌剂混匀后，均匀洒在平铺的秸秆上面。调节 C/N，以（25～30）：1 为宜。经过多层堆积后，达到 1m 左右高度，再进行翻搅，使这些原料搅拌均匀后，再堆积起来，高度为 1.5～2.0m，用麻袋或草苫盖好，注意不能压实，保持透气良好，避免阳光直射和水分蒸发。

(3) 翻堆。一般秸秆堆体每隔 7d 翻堆 1 次，需翻堆 4 次，目的主要是通气和降温。每天观察堆温、湿度。高温阶段的适宜堆温为 60～65℃，湿度为 50%～60%；当堆温大于 65℃时，需翻堆或加水降温。高温发酵终止指标：无恶臭，堆容量减少 25%～30%，含水量减少 10%，C/N 降至（20～25）：1。降温阶段的适宜堆温小于 40℃，湿度为小于 40%。腐熟终止指标：堆料充分腐熟，含水量小于 35%，C/N 小于 20：1，堆料粒度小于 10mm。

二、肥用功能菌的添加工艺

(一) 粉剂功能菌添加工艺

生物有机肥生产中，在发酵物料的后处理方面，大多数企业添加功能菌进行复配、定型，产品剂型以粉剂为主，工艺简单，成本低廉。具体工艺为：按一定配方，将腐熟的有机物料粉与腐植酸粉混合，再添加一定量功能菌剂复配，经气流干燥后分装，即可制成产品。主要工艺流程如图6-16所示。

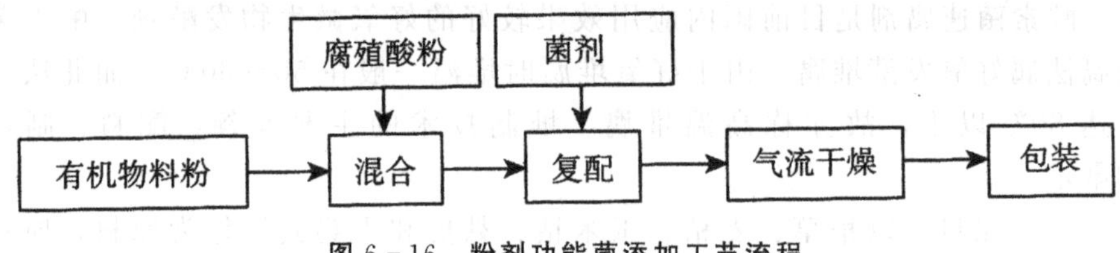

图6-16 粉剂功能菌添加工艺流程

(二) 颗粒剂功能菌添加工艺

生物有机肥颗粒剂产品与粉剂产品相比，因其形态与商品颗粒有机肥相似，使用方便，更易被用户接受。目前，国内生物有机肥颗粒剂生产中，肥料功能菌的添加工艺，根据功能菌添加时间分为以下四种。

1. 造粒前添加

按一定配方，将有机物料粉与腐殖酸粉混合，然后添加菌剂复配，送入造粒机造粒，再经烘干、冷却、筛分、包装，即可制成产品。其工艺流程如图6-17所示。

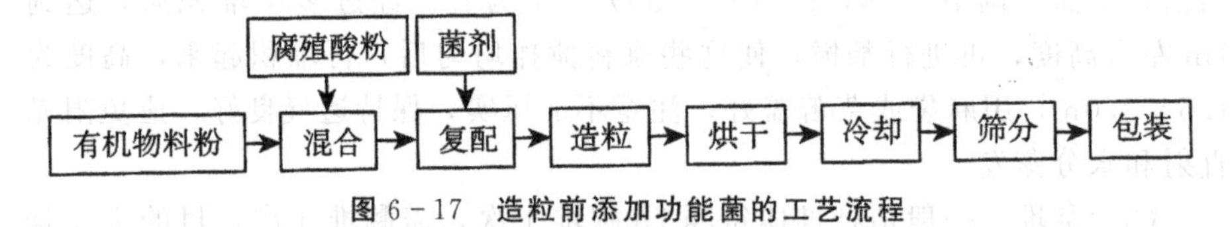

图6-17 造粒前添加功能菌的工艺流程

2. 造粒过程中添加

按一定配方，将有机物料粉与腐殖酸粉混合，然后送入造粒机造粒，在造粒过程中添加一定量的功能菌剂，再经烘干、冷却、筛分、包装，即可制成产品。其工艺流程如图6-18所示。

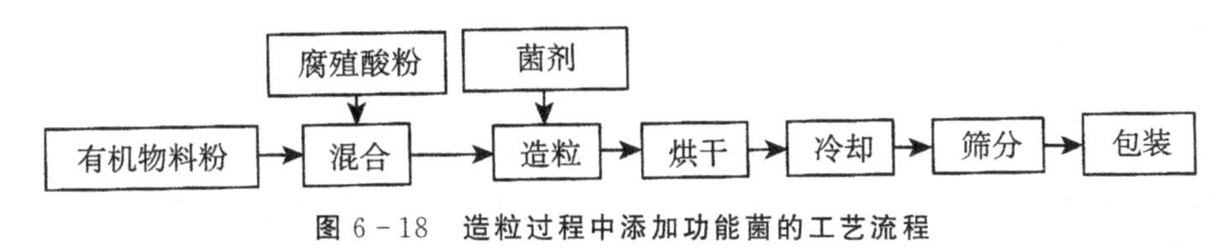

图 6-18　造粒过程中添加功能菌的工艺流程

3. 造粒后添加

按一定配方，将有机物料粉与腐殖酸粉混合，然后送入造粒机造粒，在造粒后喷涂一定量的液态功能菌剂，再经低温干燥、筛分、包装，即可制成产品。其工艺流程如图 6-19 所示。

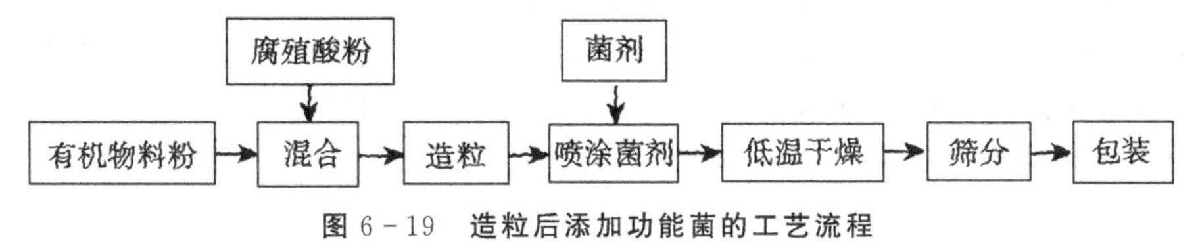

图 6-19　造粒后添加功能菌的工艺流程

4. 菌剂粒子与有机粒子分别造粒再混合

在实际生产中，可将颗粒剂型的微生物菌剂与有机颗粒混合制成产品，也就是菌剂粒子与有机粒子分别造粒后再混合，制作工艺简单、方便。具体工艺为：先将菌剂及其载体辅料混合造粒，制成菌剂粒子即菌剂颗粒，存于中间料仓，再与有机物物料及腐殖酸粉造粒后的有机粒子混合，最后制成产品。其工艺流程如图 6-20 所示。

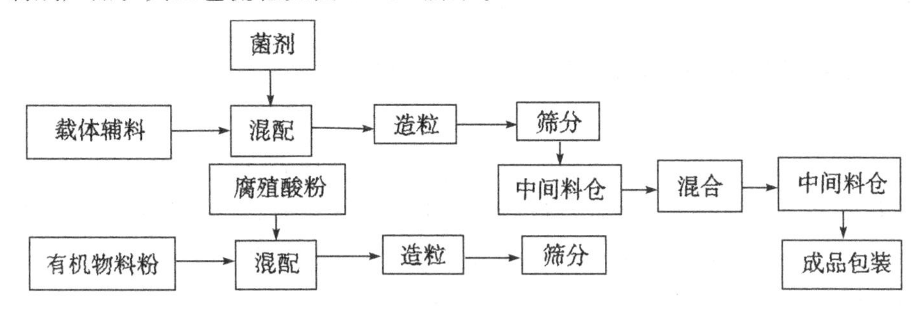

图 6-20　菌剂粒子与有机粒子分别造粒再混合的工艺流程

（三）肥用功能菌添加工艺技术要求

1. 原料无害化处理

生物有机肥生产的原料主要为畜禽粪便、作物秸秆、工业废料、生活垃圾、城市污泥、植物枯枝落叶等废弃物，含有大量的有毒、有害物质和病原菌，为防止制成产品应用进入食物链，危及食品安全或引起环境污染，必须对原料进行无害化处理，方可用作生物有机肥的基质原料。

2. 选配优良菌种

生物有机肥的质量主要取决于菌种本身和肥料中有益微生物的活菌数及其功能作用。选配具有耐高温、耐盐渍、耐低氧、耐旱、耐酸、耐碱等特性，同时具有营养促生、腐熟转化、降解修复、培肥改土等功能的优良菌种，并保证产品的有效活菌数，是生物有机肥生产工艺的技术核心。

3. 功能菌和发酵菌分开投放

功能菌一般都不耐高温，在60℃以上的高温下难以生长繁殖。在有机物料腐熟发酵的高温阶段，会产生持续5～7d的60℃以上的高温。如果将功能菌和发酵菌混合用于发酵，大部分功能菌会因持续高温而大量死亡，进而影响产品的有效活菌数，降低肥效。因此，在实际生产中，将功能菌与发酵菌分开投放为好，即有机物料先添加腐熟剂促腐发酵，腐熟后再添加功能菌。

4. 选用适宜的功能菌剂型

功能菌剂型的不同对其功能的发挥有很大的影响。为保证产品中有效活菌数，应选用合适剂型的功能菌，有利于延长产品的保质期，是生物有机肥生产工艺的关键技术措施之一。

5. 烘干工艺

在烘干造粒过程中，为降低功能菌的死亡率，烘干温度不宜过高，烘干时间不能过长。一般适宜烘干温度为85～90℃，适宜烘干时间为15～20min。

（四）肥用功能菌添加工艺条件控制

1. 温度控制

温度是制约微生物生长的重要因素之一。常用功能菌一般适宜生长温度为20～40℃，不耐高温。当温度达到60℃以上时，80％的功能菌将死亡，温度越高，功能菌死亡速度越快。因此，生物有机肥的生产工艺要求添加功能菌剂后，控制载体温度在50℃以下。

2. 水分控制

水分是微生物活动不可缺少的必要成分。目前，在我国生物有机肥生产中，如果配料含水量偏高，不利于产品造粒；但如果含水量不够，难以保持功能菌的活性。应采取低温干燥等有效措施，争取把产品的水含量控制在适宜范围内。

3. 有机物控制

生物有机肥中有机物的种类和C/N是影响生物有机肥肥效的重要因素。有机物料本身所含有机质是功能菌生活的环境和生存所需的营养来源。因此，为保证功能菌的正常生长和繁殖，总物料的有机质含量应保持在30%以上，最好在50%～70%；C/N为（30～35）：1，腐熟后达到（15～20）：1。

4. pH值控制

pH值对微生物代谢活动有很大的影响。不同微生物对pH值的要求各不相同，同一种微生物对其在不同的生长阶段和不同的生理生化过程中，对pH值的要求也不一样。因此，在生物有机肥生产过程中，应针对所添加功能菌的特性，通过加入适量的酸或碱等化学物质，调节有机物料的pH值。

第四节　复合微生物肥料生产技术

一、复合型肥料的标准剂型

（一）颗粒剂

采用挤压式造粒、圆盘造粒或转鼓造粒方式制造。转鼓造粒或圆盘造粒的工艺流程如图6-21所示。

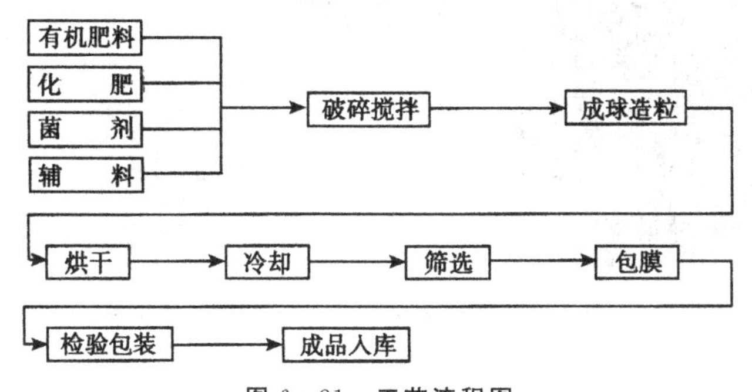

图6-21　工艺流程图

乌栽新等人研究出了一种造粒后喷菌剂再包装的新工艺，以免使菌剂中有益微生物在造粒时死亡。其工艺流程图如图6-22所示。

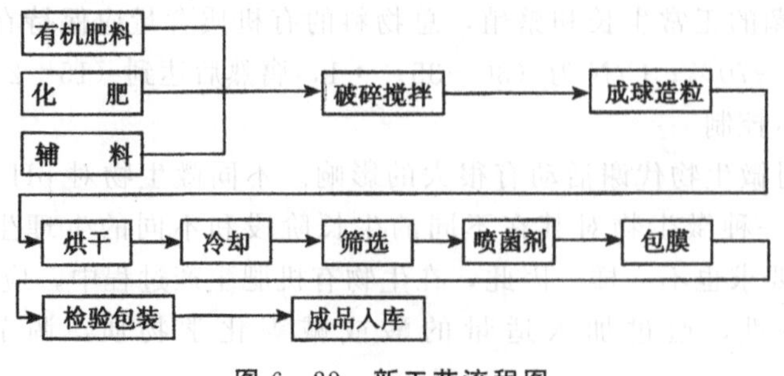

图 6－22　新工艺流程图

（二）粉剂

粉剂的生产工艺是将有机肥料、化肥、辅料按比例投料，搅拌均匀装袋入库，粉剂产品应松散。粉剂由于生产工艺简单，投资较颗粒剂少，但商品性较差，如图 6－23 所示。

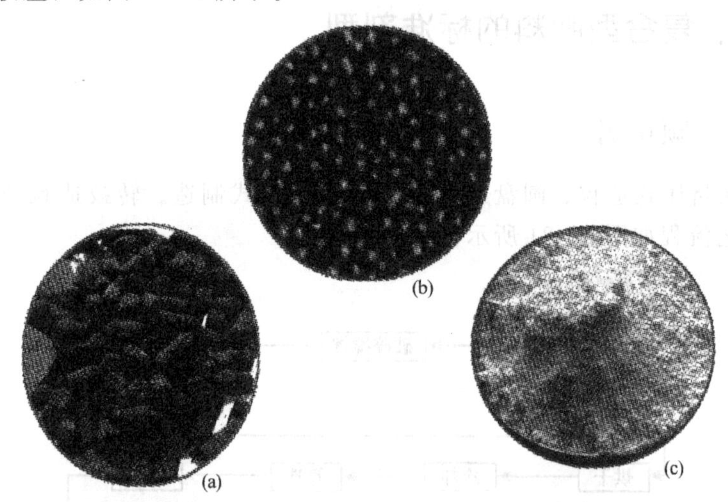

图 6－23　复合微生物肥料的两种颗粒剂和一种粉剂示意图

（a）（b）颗粒剂　（c）粉剂

二、生产工艺

（一）液态产品复配工艺

根据肥料配方，选用适宜的水溶性化肥，按一定养分配比配成水溶液，当 pH 值偏高或偏低时，用酸或碱调 pH 值，然后加入一定剂量的液态功能菌菌剂复配，经定量分装，即可制成产品。其工艺流程如图 6－24 所示。

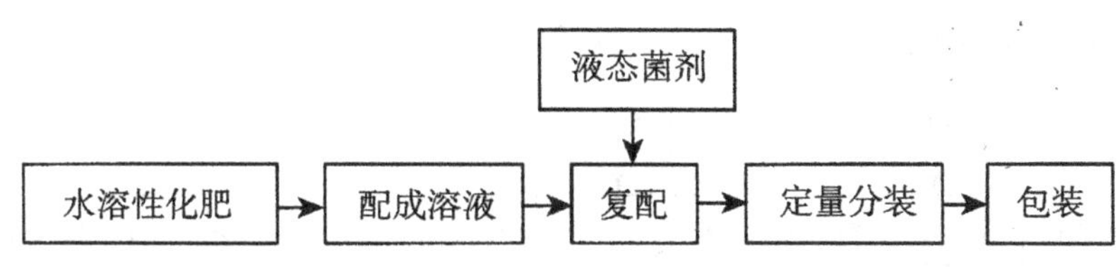

图 6-24　液态复合微生物肥料复配工艺流程

注意养分浓度不宜过高，否则容易导致功能菌失活。例如，试验结果表明，当总养分浓度超过8%时，可导致巨大芽孢杆菌和胶冻样芽孢杆菌大量失活，有效活菌数降低30%以上。

（二）粉剂产品复配工艺

粉剂产品的复配工艺比较简单，因养分含量有限（大于等于6%且不宜过高），根据肥料配方，需添加一些腐熟的有机物料作基质。因此，先将所用化学肥料与有机物料粉碎混合，然后再按一定配比与粉剂的功能菌菌剂复配、分装，即可制成产品。其工艺流程如图6-25所示。

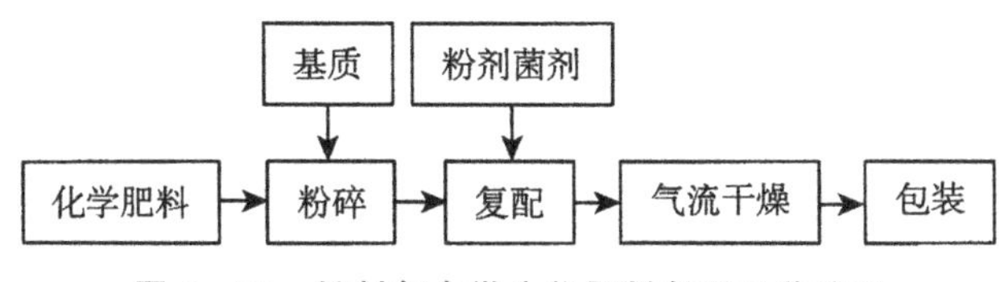

图 6-25　粉剂复合微生物肥料复配工艺流程

（三）颗粒剂产品复配工艺

颗粒剂产品复配工艺与生物有机肥类似，只是所用原料有所区别。复合微生物肥料需以化肥为主原料，用有机物料作基质，添加功能菌菌剂，经造粒工艺制成产品。按其功能菌添加时间，同样有3种工艺：造粒前复配、造粒过程中复配和造粒后复配。

（1）造粒前复配。按照肥料配方，先将化学肥料与有机物料粉碎，再按一定配比与粉剂型的功能菌菌剂复配，再经造粒、烘干、冷却、筛分、包装，即可制成产品。其工艺流程如图6-26所示。

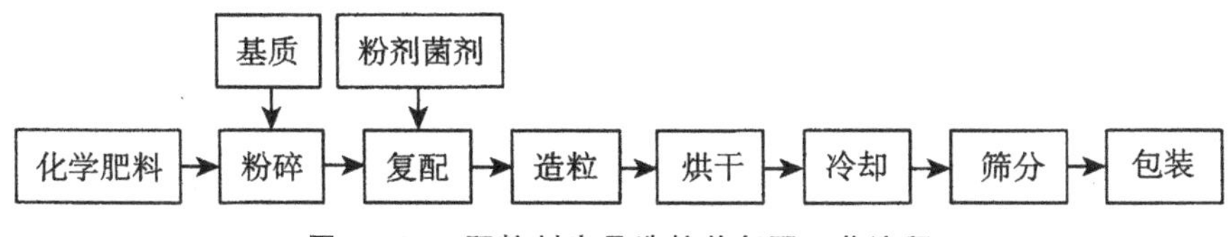

图 6-26　颗粒剂产品造粒前复配工艺流程

（2）造粒过程中复配。按照肥料配方，先将化学肥料与有机物料粉碎、混合，在造粒过程中添加菌剂复配，再经烘干、冷却、筛分、包装，即可制成产品。其工艺流程如图 6－27 所示。

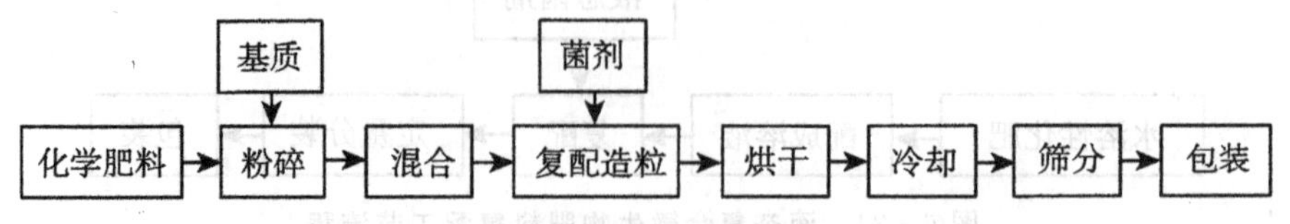

图 6－27　颗粒剂产品造粒过程中复配工艺流程

（3）造粒后复配。按照肥料配方，先将化学肥料与有机物料粉碎、混合、造粒后，喷涂液态菌剂复配，再经烘干、冷却、筛分、包装，即可制成产品。其工艺流程如图 6－28 所示。

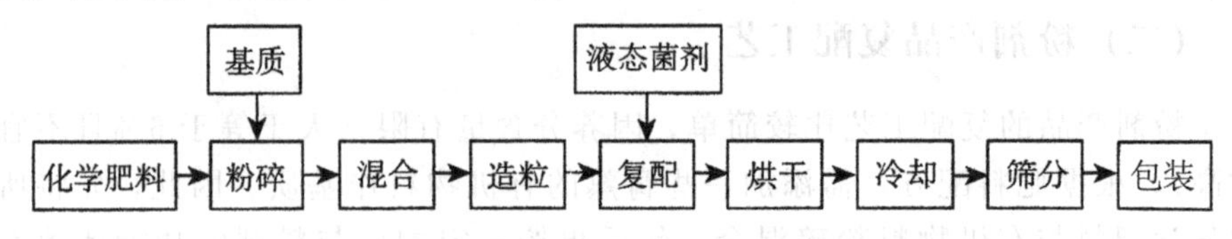

图 6－28　颗粒剂产品造粒后复配工艺流程

第七章 微生物肥料安全管理

微生物肥料作为农作物的“粮食”，在作物增产和农民增收中发挥着重要作用，但也不可盲目施肥否则也只是适得其反，这就对微生物肥料在具体实例中的应用有了更高的要求，本章将从规范管理和安全施用两个方面来说明安全管理的重要性。

第一节 微生物肥料的规范管理

根据国家标准 GB 20286—2006、农业行业标准 NY 884—2012，目前我国微生物肥料产品分为农用微生物菌剂、生物有机肥和复合微生物肥料三大类。其中，分别规定了其产品的质量要求和检验方法。在微生物肥料产品的生产、监管与使用过程中必须严格执行。

一、微生物肥料的质量要求

（一）农用微生物菌剂

农用微生物菌剂的质量要求主要包括外观、技术指标和无害化指标，其中外观要求液态产品应该没有明显的异臭味；粉剂产品应该是相对松散的；颗粒剂产品则没有明显的机械杂质，而且颗粒要饱满、均匀，吸水性要好。

（二）生物有机肥

生物有机肥的外观要求粉剂产品应松散、无恶臭味；颗粒剂产品应无明显机械杂质，大小均匀、无腐败味。其中粉剂和颗粒剂还需分别满足技术指标和无害化指标的要求。

（三）复合微生物肥料

复合微生物肥料的外观要求液态产品应无恶臭味；粉剂产品应松散；颗粒剂产品应无明显机械杂质，大小均匀，具有吸水性。另外，同样也需要满足技术指标和无害化指标的要求。

二、微生物肥料产品外观与技术指标检验

（一）抽样方法

对每批微生物肥料产品都要进行适当的抽样检验，而且这一过程还要尽量避免受到杂菌的污染。首先，提前备好所需要的一些工具，如无菌塑料袋（瓶）、金属勺、剪刀、抽样器、封样袋、封条等。其次，采用随机法在产品库中抽取样品。所抽取的样品是以袋、桶或瓶为单位来进行计算的，随机抽取5～10袋（桶或瓶）。再次，在没有细菌的环境下，从每个单位中抽取300～500g（mL）的样品，然后将所有样品进行混合使其充分融合。最后，再按四分法分成3份装起来，而每份的重量都不应少于500g，装袋（瓶）并贴上标签和编号，以备后面使用。需要注意的是，如果所取样品为液体，那么就需要提前摇匀，然后分别取其中3份，同样每份应不少于500mL，等移入瓶中后贴上标签和编号即可。

（二）检验方法

1. 外观目测法

（1）液体剂型产品。取少量样品放在烧杯中，仔细观察样品的颜色，辨别气味，要求颜色未发生明显变化，无恶臭味。

（2）固体剂型产品。取一部分样品放在白盘（或白色塑料调色板）中，时刻关注样品的颜色、形状和质地的变化，特别是对气味的辨别。在检验过程中要求如果是粉剂产品就要保证没有结块，而且没有刺鼻的恶臭味；如果是颗粒剂产品就要保证没有明显的机械杂质，而且颗粒要大小均匀且没有腐败味。

2. 技术指标检验

（1）有效活菌数检测。

1）样品处理。用仪器称取质量为10g固体样品（精确到0.01g），然后放入带有玻璃珠的100mL无菌水中（如果选取的是液体样品，就需要用无菌吸管取10.0mL样品加入到无菌水中），静置20min，最后在旋转式摇床

上以200r/min的速度充分振荡30min，这样就制得了所需要的母液菌悬液（基础液）。

用5mL的无菌移液管分别吸取5.0mL的上述母液菌悬液，然后加入45mL无菌水中，两者按照1∶10的比例进行系列的稀释，最后得到的菌悬液分别是10^{-1}、10^{-2}、10^{-3}、10^{-4}等稀释度。需要注意的是，制备过程中每稀释一个浓度就要更换一个无菌移液管。

2）加样培养。每个样品需要取3个连续适宜的稀释度，然后用0.5mL的无菌移液管分别吸取0.1mL不同稀释度的菌悬液，加入到提前准备好的固体培养基平板上，分别用无菌玻璃刮刀将不同稀释度的菌悬液涂在琼脂表面，注意要尽量均匀一些。并且每一稀释度需要重复3次，同时将无菌水作为空白的参照组，在适宜的条件下进行培养。

3）菌落识别。根据所检测到的菌种的技术资料，需要取每个稀释度不同类型的代表菌落先后通过涂片、染色、镜检等技术手段的检测，最终确认有效菌。需要注意的是，在检测过程中如果空白对照培养皿中出现了菌落数，这时表明检测结果无效，这个过程就要从头再来。

4）菌落计数。计数标准为出现20～300个菌落数（丝状真菌为10～150个菌落数）的稀释度的平板，然后对有效活菌数目和杂菌数目再分别进行统计。如果统计样板中出现只有一个稀释度的有效活菌平均菌落数符合20～300个的要求，那么就按照这个菌落数来进行计算。如果统计过程中是有两个稀释度的有效菌平均菌落数落在20～300个之间，那么这时就需要按照两者的菌落总数之比值（稀释度大的菌落总数×10与稀释度小的菌落总数之比）来决定，如果其比值是小于等于2的，就需要计算两者的平均数；如果是大于2的，就选择稀释度小的菌落平均数来计算。有效活菌数按照如下的公式计算，同时也适用于计算杂菌数。

$$n_m = \frac{\bar{x} \times k \times v_1}{m_0 \times v_2} \times 10^{-8} \text{ 或 } n_v = \frac{\bar{x} \times k \times v_1}{v_0 \times v_2} \times 10^{-8}$$

式中：n_m为质量有效活菌数，亿CFU/g；$\bar{x}$为有效菌落平均数，CFU；n_v为体积有效活菌数，亿CFU/mL；k为稀释倍数；v_1为基础液体积，mL；v_2为菌悬液加入量，mL；v_0为样品量，mL；m_0为样品量，g。

（2）杂菌率检测。这一过程除了采用的是马丁培养基外，其他的测定方法与有效活菌数的测定是基本相同的。只有样品有效菌是可以利用的，其他的菌都可以视为杂菌（包括霉菌）。样品中杂菌率的计算方法可以按照如下公式计算。

式中：m为样品杂菌率，%；$m = \frac{n_1}{n_1 + n} \times 100$，$n_1$为杂菌数，亿CFU/g (mL)；$n$ 为有效活菌数，亿 CFU/g (mL)。

(3) 细度的测定。

1) 粉剂样品。称取样品 50g (精确到 0.1g)，放入 300 mL 烧杯中，加 200 mL 水浸泡 10～30min 后倒入孔径 2.0mm 的试验筛中，然后用水冲洗，并用刷子轻轻地刷筛面上的样品，直至筛下流出清水为止。将试验筛连同筛上样品放入干燥箱中，在 105℃ ± 2℃ 烘干 4～6h。冷却后称量筛上样品质量。样品细度按下式计算：

$$s = \frac{1 - m_1}{m_0(1-\omega)} \times 100$$

式中：s 为筛下样品质量分数，%；m_0 为样品质量，g；ω 为样品含水量，%；m_1 为筛上干样品质量，g。

2) 颗粒剂样品。称取样品 50g (精确到 0.1g)，将两个不同孔径的试验筛 (1.0mm 和 4.75mm) 摞在一起放在底盘上 (大孔径试验筛放在上面)。将样品倒入大孔径试验筛内，筛样品，然后称量小孔径试验筛上的样品质量，颗粒细度按下式计算：

$$g = \frac{m_1}{m_0} \times 100$$

式中：g 为样品质量分数，%；m_1 为小孔径试验筛上样品质量，g；m_0 为样品质量，g。

(4) 测定所含水分。

将空铝盒放入干燥箱，在 105℃ ± 2℃ 的状态下烘 0.5h，等到冷却后进行称量并及时对空铝盒的质量进行记录。然后分别称取 2 份 20g (精确到 0.01g) 的平行样品，分别加入到铝盒中并记录下当时的质量。将盛有样品的铝盒放在干燥箱中，在 105℃ ± 2℃ 的温度下烘 4～6h。然后取出铝盒放在干燥器中进行冷却，大约 20min 后再次进行称量。水分含量的计算可按照下式，最后测定的结果取两次的平均值。

$$w = \frac{m_1 - m_2}{m_1 - m_0} \times 100$$

式中：ω 为样品水分含量，%；m_0 为空铝盒的质量，g；m_1 为样品和铝盒的质量，g；m_2 为烘干后样品和铝盒的质量，g。

(5) pH 值的测定。

打开酸度计电源预热 30min，用标准溶液校准。每个样品重复测定 3 次，计算 3 次的平均值。

1) 液态样品 pH 值测定。用量筒取 40mL 样品放入 50mL 的烧杯中，直接用酸度计测定，仪器读数稳定后记录。

2）粉剂样品 pH 值测定。称取样品 15g，放入 50mL 的烧杯中，按 1：2（样品：去离子水）的比例将去离子水加到烧杯中［如果样品含水量低，可根据基质类型按 1：（3～5）的比例加去离子水］，搅拌均匀。然后静置 30min，测样品悬液的 pH 值，仪器读数稳定后记录。

3）颗粒样品 pH 值测定。样品先研碎，过 1.0mm 试验筛，再按照粉剂样品的方法测定。

（6）有机质含量的测定。

1）消化。称取筛过的风干试样 0.2～0.5g（精确至 0.0001g），然后放入 500mL 的锥形瓶中，精确加入 0.8mol/L 的重铬酸钾溶液 50mL，再加入浓硫酸 50mL，最后再加一个弯颈小漏斗，将整个装置放到沸水中 30min 左右。小心将其取出，冷却至室温后用水冲洗小漏斗，洗液直接用锥形瓶接住即可。

2）滴定。将上述锥形瓶中的消煮液在不受影响的情况下转入 250mL 的容量瓶中，静置，待其冷却至室温后定容。吸取 50mL 溶液加入 250mL 的锥形瓶内，然后慢慢加水直到 100mL，用试管滴入 2～3 滴邻菲罗啉指示剂，其滴定剂为 0.2mol/L 的硫酸亚铁标准溶液。仔细观察滴定过程，当快近终点时，此时溶液会由绿色变为暗绿色，再逐滴加入硫酸亚铁标准溶液直到产生成砖红色为止。同时称取 0.2g（精确至 0.001g）的二氧化硅代替试样，按照上述相同的分析步骤，在同样的试剂的滴定下，进行空白试验。然后根据氧化前后所消耗的氧化剂的使用量，来进行有机碳含量的计算，然后再乘以系数 1.724，就是最后的有机质的含量。

（7）总养分（$N+P_2O_5+K_2O$）含量检测。

1）试样溶液制备。称取过孔径 1mm 筛的风干试样 0.5～1.0g（精确至 0.0001g），置于凯氏烧瓶底部，用少量水冲洗黏附在瓶壁上的试样，加 5mL 浓硫酸和 1.5mL 30%的过氧化氢溶液，小心摇匀，瓶口放一个弯颈小漏斗，放置过夜。在可调电炉上缓慢升温至硫酸冒烟，取下，稍冷后加 15 滴过氧化氢，轻轻摇动凯氏烧瓶，加热 10min，取下，稍冷后再加 5～10 滴过氧化氢并分次消煮，直至溶液呈无色或淡黄色清液后，继续加热 10min，除尽剩余的过氧化氢。取下稍冷，小心加水至 20～30mL，加热至沸。取下冷却，用少量水冲洗弯颈小漏斗，洗液收入原凯氏烧瓶中。将消煮液移入 100mL 容量瓶中，加水定容，静置澄清或用无磷滤纸干过滤到具塞锥形瓶中，备用。

2）空白溶液制备。除不加试样外，试剂用量和操作与试样溶液制备相同。

3）氮含量检测。肥料中的有机氮经硫酸和过氧化氢消煮，转化为铵态氮。碱化后蒸馏出来的氨用硼酸溶液吸收，以标准溶液滴定，计算样品中总氮含量。

测定：蒸馏前检查蒸馏装置是否漏气，并进行空蒸馏清洗管道。吸取消煮清液 50.0mL 于蒸馏瓶内，加入 200mL 水。于 250mL 锥形瓶加入 10mL 硼酸-指示剂混合液承接于冷凝管下端，管口插入硼酸液面中。由筒形漏斗向蒸馏瓶内缓慢加入 15mL 40%的氢氧化钠溶液，紧闭活塞。加热蒸馏，当馏出的液体体积达到 100mL 左右时，停止蒸馏。

用 0.05mol/L 硫酸标准溶液或 0.05mol/L 盐酸标准溶液滴定馏出液，由蓝色刚变至紫红色为终点。记录消耗酸标准溶液的体积（mL）。空白测定所消耗酸标准溶液的体积不得超过 0.1mL，否则应重新测定。

结果计算：肥料的总氮含量以肥料的质量分数表示，按下式计算，所得结果为两个平行测定的平均值，应保留两位小数。

$$\text{N 含量}(\%)=\frac{c\times(V-V_0)\times 0.014\times D\times 100}{m\times(1-X_0)}$$

式中：c 为酸标准溶液的物质的量浓度，mol/L；V_0 为空白滴定消耗标准酸溶液的体积，mL；V 为试液滴定消耗标准酸溶液的体积，mL；0.014 为氮的摩尔质量，g/mol；m 为风干样质量，g；X_0 为风干样含水量；D 为分取倍数（定容体积/分取体积，即 100/50）。

4）磷含量检测。采用硫酸和过氧化氢消煮，在一定酸度下，待测液中的磷酸根离子与偏钒酸和钼酸反应形成黄色三元杂多酸。在一定浓度范围（1～20mg/L）内，黄色溶液的吸光度与含磷量成正比，用分光光度法定量测定磷含量。

校准曲线绘制：吸取 50μg/mL 磷标准溶液 0、1.0 、2.5L、5.0、7.5、10.0、15.0 mL 分别置于 7 个 50mL 的容量瓶中，加入与试样溶液等体积的空白溶液，加水 30mL 左右，加 2 滴浓度为 0.2%的2，4 -（或 2，6 -）二硝基酚指示剂，用 10%氢氧化钠溶液和 5%硫酸溶液调节溶液至刚呈微黄色，加 10.0mL 钒钼酸铵试剂，摇匀，用水定容。此溶液为 1mL 含磷（P）0、1.0、2.5、5.0、7.5、10.0、15.0μg 的标准溶液系列。在室温下放置 20min 后，用分光光度计在波长 440nm 处用 1cm 半径比色皿，以空白溶液调节仪器零点，然后进行比色，读取吸光度。根据磷浓度和吸光度绘制标准曲线或求出直线回归方程。

分光光度计所用波长可根据磷浓度选择：磷浓度为 0.75～5.5mg/L、2～15mg/L、4 ～ 17mg/L 、7 ～ 20mg/L 时，波长可分别为 400、440、470、490nm。

测定：吸取 5.00～10.00mL 试样溶液（含磷 0.05～1.0mg）于 50mL

的容量瓶中，加水至30mL左右，与标准溶液系列同条件显色、比色，读取吸光度。

结果计算：肥料的磷含量以肥料的质量分数表示，按下式计算，所得结果为两个平行测定的平均值，应保留两位小数。

$$P_2O_5\text{ 含量}(\%) = \frac{c \times V \times D \times 2.29 \times 0.0001}{m \times (1 - X_0)}$$

式中：c 为由校准曲线查得或由回归方程求得的显色液磷浓度，μg/mL；V 为显色体积（50mL）；D 为分取倍数（定容体积/分取体积，即100/5或100/10）；m 为风干样质量，g；X_0 为风干样含水量；2.29为将磷（P）换算成五氧化二磷（P_2O_5）的因数；0.0001为将μg/g换算为质量分数的因数。

5）钾含量测定。肥料试样经硫酸和过氧化氢消煮，稀释后用火焰光度法测定。在一定浓度范围内，溶液中钾浓度与发射强度成正比。

校准曲线绘制：吸取1mg/mL钾标准溶液0、1. 0、2.50、5.00、7.50、10.00mL分别置于6个50mL的容量瓶中，加入与试样溶液等体积的空白溶液，用水定容，此溶液为1mL含钾（K）0、2.00、5.00、10.00、15.00、20.00μg的标准溶液系列。在火焰光度计上，以空白溶液调节仪器零点，以标准溶液系列中最高浓度的标准溶液调节满度80分度处。再依次由低浓度至高浓度测量其他标准溶液，记录仪器示值。根据钾浓度和仪器示值绘制校准曲线或求出直线回归方程。

测定：吸取5.00mL消煮清液于50mL的容量瓶中，用水定容。与标准溶液系列同条件在火焰光度计上测定，记录仪器示值。每测定5个样品后须用钾标准溶液校正仪器。

结果计算：肥料的钾含量以肥料的质量分数表示，按下式计算。所得结果为两个平行测定的平均值，应保留两位小数。

$$K_2O\text{ 含量}(\%) = \frac{c \times V \times D \times 1.20 \times 0.0001}{m \times (1 - X_0)}$$

式中：c 为由校准曲线查得或由回归方程求得的测定液钾浓度，μg/mL；V 为测定体积（本操作为50mL）；D 为分取倍数（定容体积/分取体积，即100/5）；m 为风干样质量，g；X_0 为风干样含水量；1.20为将钾（K）换算成氧化钾（K_2O）的因数；0.0001为将μg/g换算为质量分数的因数。

三、微生物肥料产品无害化指标检验

（一）抽样方法

与外观、技术指标检验的抽样方法相同。

（二）检验方法

1. 卫生指标检验

（1）蛔虫卵死亡率检测。

1）样品处理。称取5.0～10.0g肥料样品（如果样品颗粒较大，应先进行研磨），放于容量为50mL的离心管中，注入NaOH溶液25～30mL，另加玻璃珠约10粒，用橡皮塞塞紧管口，放置于振荡器上，静置30min后，以200～300r/min频率振荡10～15min。振荡完毕，取下离心管的橡皮塞，用玻璃棒将离心管中的样品充分搅匀，再次用橡皮塞塞紧管口，静置15～30min后，振荡10～15 min。

2）离心沉淀。从振荡器上取下离心管，拔掉橡皮塞，用滴管吸取蒸馏水，将附着在橡皮塞上和管口内壁的样品冲入管中，以2000～2500r/min转速离心3～5min后，弃去上清液。然后加适量蒸馏水，并用玻璃棒将沉淀物搅起，按上述方法重复洗涤3次。

3）离心漂浮。向离心管中加入少量饱和$NaNO_3$溶液，用玻璃棒将沉淀物搅成糊状后，再缓缓添加饱和$NaNO_3$溶液，随加随搅，直加到离管口约1cm为止，用饱和$NaNO_3$溶液冲洗玻璃棒。洗液并入离心管中，以2000～2500r/min转速离心3～5min。

用金属丝圈不断将离心管表层液膜移于盛有半杯蒸馏水的烧杯中，约30次后，适当增加一些饱和$NaNO_3$溶液于离心管中，再次搅拌、离心及移置液膜，如此反复操作3～4次，直到液膜涂片规察不到蛔虫卵为止。

4）抽滤镜检将烧杯中的混合悬液通过覆以微孔火棉胶滤膜的高尔特曼氏漏斗抽滤。若混合悬液的浑浊度大，可更换滤膜。

抽滤完毕，用弯头镊子将滤膜从漏斗的滤台上小心取下，置于载玻片上，滴加2～3滴甘油溶液，于低倍显微镜下对整张滤膜进行观察并计数蛔虫卵。当观察有蛔虫卵时，将含有蛔虫卵的滤膜进行培养。

5）培养。在培养皿的底部平铺一层厚约1cm的脱脂棉，脱脂棉上铺一张直径与培养皿相适的普通滤纸。为防止霉菌和原生动物的繁殖，可加入甲醛溶液或甲醛生理盐水，以浸透滤纸和脱脂棉为宜。

将含蛔虫卵的滤膜平铺在滤纸上，培养皿加盖后置于28～30℃恒温培养箱中培养，培养过程中经常滴加蒸馏水或甲醛溶液，使滤膜保持潮湿状态。

6）镜检。培养10～15d，自培养皿中取出滤膜置于载玻片上，滴加甘油溶液，使其透明后，在低倍镜下查找蛔虫卵，然后在高倍镜下根据形态鉴定卵的死活，并加以计数。镜检时若感觉视野的亮度和膜的透明度不够，可在载玻片上滴一滴蒸馏水，用盖玻片从滤膜上刮下少许含卵滤渣，使滤渣与水混合均匀，盖上盖玻片进行镜检。

7）判定。凡含有幼虫的都认为是活卵；含未孵化或单细胞的都判为死卵。

8）结果计算

$$K=\frac{(N_1-N_2)\times 100}{N_1}$$

式中：K 为蛔虫卵死亡率，%；N_1 为镜检总卵数；N_2 为培养后镜检活卵数。

（2）粪大肠菌群值检测。

1）样品稀释。在无菌操作下称取样品10.0g或吸取样品10mL，加入到带玻璃珠的90mL无菌水中，置于摇床上200r/min充分振荡30min，即成稀释液。

用无菌移液管吸取5.0mL上述稀释液加入到45mL无菌水中，混匀成10^{-2}稀释液。这样依次稀释，分别得到10^{-3}、10^{-4}等梯度稀释液（制备每个稀释度时须更换无菌移液管）。

2）乳糖发酵试验。选取3个连续适宜稀释度的稀释液，分别吸取1.0mL加入到乳糖胆盐发酵管内，每一稀释度接种3支发酵管，置44.5℃±0.5℃恒温水浴或隔水式培养箱内，培养24h±2h。如果所有乳糖胆盐发酵管都不产酸且不产气，则为粪大肠菌群阴性；如果有产酸产气或只产酸的发酵管，则进行分离培养和证实试验。

3）分离培养。从产酸产气或只产酸的发酵管中，分别挑取发酵液在伊红美蓝琼脂平板上划线，置36℃±1℃条件下培养18～24h。

4）证实试验。从上述分离平板上挑取可疑菌落，进行革兰氏染色。染色反应阳性者为粪大肠菌群阴性；如果为革兰阴性无芽孢杆菌，则挑取同样菌落接种在乳糖发酵管中，置44.5℃±0.5℃条件下培养24h±2h。观察产气情况，不产气为粪大肠菌群阴性，产气为粪大肠菌群阳性。

5）结果。证实实验为粪大肠菌群阳性的，根据粪大肠菌群阳性发酵管数，查MPN检索表，得出每克（毫升）肥料样品中的粪大肠菌群数。

2. 重金属元素含量检测

根据国家农业行业标准 NY/T 1978—2010 的规定，肥料中 Hg 和 As 含量的检测，采用原子荧光光谱法；肥料中 Cd、Pb 和 Cr 含量的检测，采用原子吸收分光光度法。

(1) 试样分析的前处理。

1) 汞含量检测的试样溶液制备。称取试样 1g（精确至 0.0001g）于 100mL 烧杯中，加入 20mL 王水，盖上表面皿。含腐植酸水溶肥料及含大量有机物质的肥料建议先浸泡过夜，于 150～200℃可调电热板上消化 30min，取下冷却，过滤，滤液直接收集于 50mL 容量瓶中。滤干后用少量水冲洗 3 次以上，将洗液合并于滤液中，加入 3mL 盐酸溶液，用水定容，混匀待测。

2) 砷含量检测的试样溶液制备。称取试样 1g（精确至 0.0001g）于 100mL 烧杯中，加入 20mL 王水，盖上表面皿。含腐植酸水溶肥料及含大量有机物质的肥料建议先浸泡过夜，于 150～200℃可调电热板上消化。烧杯内容物近干时，用滴管滴加盐酸数滴，驱赶剩余硝酸，反复数次，直至再次滴加盐酸时无棕黄色烟雾出现为止。用少量水冲洗表面皿及烧杯内壁并继续煮沸 5min，取下冷却，过滤，滤液直接收集于 50mL 容量瓶中。滤干后用少量水冲洗 3 次以上，将洗液合并于滤液中，加入 10.0mL 硫脲溶液和 3mL 盐酸溶液，用水定容，混匀，放置至少 30min 后检测。

3) 镉、铅、铬含量检测的试样溶液制备。称取试样 2g（精确至 0.0001g），置于 100mL 烧杯中，用少量水润湿，加入 20mL 王水，盖上表面皿。含腐植酸水溶肥料及含大量有机物质的肥料建议先浸泡过夜，在 150～200℃电热板上微沸 30min 后。移开表面皿继续加热，蒸至近干，取下。冷却后加 2mL 盐酸，加热溶解，取下冷却，过滤，滤液直接收集于 50mL 容量瓶中，滤干后用少量水冲洗 3 次以上，将洗液合并于滤液中，定容，混匀。

(2) 元素含量的检测。

1) 汞含量的检测。

吸取汞标准溶液 0、0.20、0.40、0.60、0.80、1.00mL 于 6 个 50mL 容量瓶中，加入 3mL 盐酸溶液，用水定容，混匀。此标准系列溶液中汞的质量浓度分别为 0、0.40、0.80、1.20、1.60、2.00ng/mL。根据原子荧光光度计使用说明书的要求，选择仪器的工作条件。

仪器参考条件：光电倍增管负高压 270V；阴极灯电流 30mA；原子化器温度 200℃；高度 8mm；氢气流速 400mL/min；屏蔽气 1000mL/min；测量方式为荧光强度或浓度直读；读数方式为峰面积；积分时间为 12s。以盐酸溶液和硼氢化钾溶液为载流，汞含量为0g/mL的标准溶液为参比，测定各标准溶液的荧光强度。以各标准溶液汞的质量浓度为横坐标，相应的荧光强度为纵坐标，绘制工作曲线。

试样溶液直接（或适当稀释后）在与测定标准系列溶液相同的条件下，测定荧光强度，在工作曲线上查出相应汞的质量浓度。同时，设空白对照，测算汞的含量。

2）砷含量的检测。吸取砷标准溶液0、0.50、1.00、1.50、2.00、2.50mL于6个50mL容量瓶中，加入10mL脲溶液和3mL盐酸溶液，用水定容，混匀。此标准系列溶液中砷的质量浓度分别为0、10.00、20.00、30.00L、40.00、50.00g/mL。根据原子荧光光度计使用说明书的要求，选择仪器的工作条件。仪器参考条件：光电倍增管负高压270V；砷空心阴极灯电流45mA；原子化器温度200℃；高度9mm；氢气流速400mL/min；屏蔽气1000mL/min；测量方式为荧光强度或浓度直读；读数方式为峰面积；积分时间为12s。以盐酸溶液和硼氢化钾溶液为载流，砷含量为0g/mL的标准溶液为参比，测定各标准溶液的荧光强度。以各标准溶液中砷的质量浓度为横坐标，相应的荧光强度为纵坐标，绘制工作曲线。

试样溶液直接（或适当稀释后）在与测定标准系列溶液相同的条件下，测定荧光强度，在工作曲线上查出相应砷的质量浓度。同时，设空白对照，测算砷的含量。

3）镉含量的检测。分别吸取镉标准溶液0、1.00、2.00、4.00、8.00、16.00、20.00mL于7个100mL容量瓶中，加入4mL盐酸，用水定容，混匀。此标准系列溶液镉的质量浓度分别为0、0.10、0.20、0.40、0.80、1.60、2.00μg/mL。在选定最佳工作条件下。于波长228.8m处，使用空气-乙炔火焰，以镉含量为0μg/mL的标准溶液为参比溶液调零，测定各标准溶液的吸光值。以各标准溶液的镉的质量浓度为横坐标，相应的吸光值为纵坐标，绘制工作曲线。

试样溶液直接（或适当稀释后）在与测定标准系列溶液相同的条件下，测定其吸光值，在工作曲线上查出相应镉的质量浓度。同时，设空白对照，测算镉的含量。

4）铅含量的检测。分别吸取铅标准溶液0、1.00、2.00、4.00、6.00、8.00、10.00mL于7个100mL容量瓶中，加入4mL盐酸，用水定容，混匀。此标准系列溶液铅的质量浓度分别为0、0.50、1.00、2.00、3.00、4.00、5.00μg/mL。在选定最佳工作条件下，于波长283.3nm处，使用空气-乙炔火焰，以铅含量为0μg/mL的标准溶液为参比溶液调零，测定各标准溶液的吸光值。以各标准溶液铅的质量浓度为横坐标，相应的吸光值为纵坐标，绘制工作曲线。

试样溶液直接（或适当稀释后）在与测定标准系列溶液相同的条件下测定其吸光值，在工作曲线上查出相应铅的质量浓度。同时，设空白对照，测算铅的含量。

5）铬含量的检测。分别吸取铬标准溶液0、1.00、2.00、4.00、6.00、8.00、10.00mL于7个100mL容量瓶中，加入4mL盐酸和20mL焦硫酸钾溶液，用水定容，混匀。此标准系列溶液铬的质量浓度分别为0、0.50、1.00、2.00、3.00、4.00、5.00μg/mL。选定最佳工作条件下，于波长357.9nm处，使用富燃性空气-乙炔火焰，以铬含量为0μg/mL的标准溶液为参比溶液调零，测定各标准溶液的吸光值。以各标准溶液铬的质量浓度为横坐标，相应的吸光值为纵坐标，绘制工作曲线。

吸取一定量试样溶液于25mL容量瓶内，加入1mL盐酸和5mL焦硫酸钾溶液，用水定容，混匀。在与测定标准系列溶液相同的条件下测定其吸光值，在工作曲线上查出铬相应的质量浓度。同时，设空白对照，测算铬的含量。

四、生物肥料产品的检验规则

（一）检验分类

1. 出厂检验（交收检验）

根据国家行业标准《生物有机肥》（NY 884—2012）对产品的技术指标要求，产品出厂时应由生产厂的质量检验部门进行检验，经检验合格并签发质量合格证的产品方可出厂。出厂检验时不检有效期。

2. 型式检验（例行检验）

一般情况下，一个季度进行一次。有下列情况之一者，应进行型式检验。

（1）新产品鉴定。

（2）产品的工艺、材料等有较大更改与变化

（3）出厂检验结果与上次型式检验有较大差异。

（4）国家质量监督机构进行抽查。

（二）判定规则

在产品质量检验过程中，质量指标合格与否的判断，参照《数值修约规则与极限数值的表示和判定》（GB/T 8170—2008）的规定。

1. 合格判断

检验结果具备下列条件之一者，均为合格产品。

（1）产品全部指标都符合标准要求。

（2）在产品的外观、pH 值、水分检测项目中，有 1 项不符合标准要求，而产品其他各项指标符合标准要求。

2. 不合格判断

检验结果具有下列情况之一者，均为不合格产品。

（1）产品中有效活菌数不符合标准要求。

（2）生物有机肥的有机质含量不符合标准要求。

（3）合微生物肥料的总养分含量不符合标准要求。

（4）粪大肠菌群数不符合标准要求。

（5）Hg、As、Cd、Pb、Cr 中任一含量不符合标准要求。

（6）产品的外观、pH 值、水分检测项目中，有 2 项以上不符合标准要求。

第二节　微生物肥料安全施用管理

随着目前我国微生物肥料产品种类和剂型的不断增加，微生物肥料生产中所使用的微生物种类也增加很快，已经远远超出过去常用的一些种、属。近年来，微生物肥料使用菌种中的条件病原微生物（或机会性病原）出现的频率增多，加强对微生物肥料生产应用中使用菌种的安全监督不容忽视。国家已颁布了农业行业标准 NY 411—2000、NY 412—2000、NY 413—2000 分别规定微生物肥料要经过一系列的严格检验，证明对植物有益而无害，更不能是人畜的条件致病菌；微生物肥料的应用效果要有田间实验报告。我国农业部建设了微生物肥料质量检验的专门机构——微生物肥料质量监督检验测试中心，有效菌数等重要指标要经过检测，符合质量标准的产品才可以出售，包装袋上要标明适用作物、土壤情况和使用方法等。

微生物肥料分固体肥和液体肥，都可以直接施用。一般是将培养的菌体放入吸附剂中保存，使用方便。吸附剂是影响微生物肥料质量的重要因素之一。实验和应用的吸附剂有以下几类物质：①草炭；②植物材料，如谷壳粉、蔗渣、玉米芯粉、腐熟堆肥等；③惰性无机和有机材料，如蛭石、珍珠岩、粉末磷灰石、聚丙酰胺胶粒等。目前，应用最广泛的吸附剂是草炭。草炭含有丰富的有机质和一定量的腐植酸，要经过测定性状后选用优质材料，并且要经过处理达到一定细度，灭菌后才可应用。微生物肥料的核心是制品中特定的有效的微生物活体，一些微生物虽有特定的肥料效应，但由于是条件病原微生物（或机会性病原），不能用作微生物肥料。对此，许多国家在监督菌种的安全性方面都制定了一整套严格的规定，我国对此类产品实行检验登记制度，以防止危害人民群众安全、危及农牧业生产安全的事件发生。微生物肥料生产企业要按照有关规定办理检验登记手续，微生物肥料用户要购买经检验登记的产品，以确保微生物肥料安全有效。

一、微生物肥料的施用原则

目的微生物（target microbe）是指产品中所含有的微生物是具有自身特有功能的，带有一定的针对性。微生物肥料在具体的施用过程中要遵循一定原则，否则会带来一定的负面影响，其原则主要包括：对目的微生物的生长、繁殖及其功能发挥有益，对目的微生物与农作物的亲和很有帮助，加快目的微生物与土壤环境的适应速度，缩短不必要的时间。

（一）通用技术要求

1. 产品选择

所选择的产品应该都是那些在农业部经过登记和获得许可的安全产品。另外，在进行微生物肥料产品的选择时还要从实际出发，不同的条件也会对微生物肥料的效果产生影响，因此作物种类、当地土壤状况、气候条件和用到的耕种方法都是施肥前所必须要考虑的问题。其中需要特别注意的是豆科作物，因为其含有根瘤菌，所以选择的根瘤菌菌剂可以和根瘤共生固氮，对作物有益。

2. 产品储存

微生物肥料产品的存放也是需要注意的，所选择的地方应该是干燥的、不会被雨淋的、阳光直接照射不到的。

3. 产品使用

应根据需要确定微生物肥料的施用时期、次数及数量。微生物肥料宜配合有机肥施用，也可与适量的化肥配合施用，但应避免化肥对微生物产生不利影响。应避免在高温或雨天施用。应避免与过酸、过碱的肥料混合施用。避免与对目的微生物具有杀灭作用的农药同时施用。

（二）产品使用要求

1. 液体菌剂

(1) 拌种。其一，将菌液进行稀释，然后与种子混合在一起并拌匀。

其二，将菌液稀释后直接喷洒在种子上，然后再置于通风处阴干，即可播种。

（2）浸种。将菌液中加入适量的水按照一定的比例进行稀释，然后放入种子浸泡4～12h，然后捞出置于通风处自然阴干，等到种子发白时播种即可。

（3）喷施。将菌液中加入适量水并按照一定的比例进行稀释，然后均匀地喷洒在叶片上。

（4）蘸根。幼苗在进行移栽前需要将根部放入经过稀释后的菌液中浸泡10～20min，这样可以提高幼苗的成活率。

（5）灌根。幼苗移栽完成后再取适量的稀释后的菌液对根部进行浇灌，以便加快生长速度。

2. 固体菌剂

（1）拌种。将种子倒入盛有菌剂的容器中，然后进行搅拌使两者可以充分混合均匀，最后放于通风处阴干，即可播种。

（2）蘸根。将菌剂稀释后，在幼苗移栽前将根部浸入稀释后的菌液中10～20min，这样对日后幼苗的生长很有帮助。

（3）混播。将种子倒入稀释后的菌剂中混合并搅拌均匀，然后播种。

（4）混施。将菌剂与有机肥或细土细沙进行混合，最后施用。

3. 有机物料腐熟剂

将菌剂和腐熟物料进行混合搅拌，然后对物料的水分、碳氮比等进行适当调节，将其成堆存放慢慢发酵，只需要适时翻堆即可。

4. 复合微生物肥料和生物有机肥

（1）基肥。播种前或定植前单独施肥，也可以其他肥料一起施入。

（2）种肥。一方面，将肥料施放在种子附近，或者是和种子搅拌均匀后混合播种；另一方面，针对那些复合型微生物肥料，要做的则是尽量避免与种子发生直接的接触。

（3）追肥。作物在生长过程中并不是施一次肥就可以的，所以在作物生长发育期间需要适当采用条/沟施、灌根、喷施等方式对作物进行补充施肥。

二、微生物肥料的施用技术

我们应该认识到，微生物肥料的肥效并不是一成不变的，是受到各方面因素共同制约和影响的。一方面，受肥料中所含有效菌数、活性大小等自身因素的影响；另一方面，受到土壤水分、有机质、pH值等生态因子等外界其他因子的制约。基于这两方面的考虑，在进行微生物的选择和应用时都要注意到合理性问题。

（一）微生物肥料的选择

目前，市场上存在的微生物肥料可以说是功能各异、多种多样，不可否认其中大部分产品对农业生产的发展起到了积极的促进作用。也不乏有一些鱼目混珠之辈，他们在利益的驱使下以假乱真，对原有的市场造成了一定的冲击和影响。目前，农民有关微生物肥料的知识认识有限，更没有专业仪器来对其进行检测。因此，在为农作物选择微生物肥料时以下两方面需要特别关注：①观察所购买肥料是否获得农业部正式（或临时）登记许可证；②向当地有关部门和机构（包括土壤肥料工作站、农科院或农科所等单位）就有关事宜进行咨询和解惑。

在整个作物的生长过程中微生物菌剂的使用量要相对少一些，其主要起到一个调节和促进作用。在日常的施肥中，微生物菌剂的通用原则是“早、近、匀”，也就是使用的时间要早、尽量离作物的根系近一些、施用一定要均匀。

微生物肥料的施用方法也是不确定的，可以根据实际情况进行选择。一般常用的方法有拌种、浸种、蘸根、基施、追施、沟施和穴施，其中拌种又以方便、经济、有效而被广泛应用。通常拌种的一般步骤如下：首先，如果菌肥是固体的，需要置于容器中加适量清水调成糊状；如果是液体菌剂的话就直接加清水稀释即可。其次，将菌剂和种子进行充分搅拌，使其混合均匀。最后，将种子置于阴凉处晾干播种即可（切记播完种后要立即盖上土以防菌肥失效）。此外，如果需要对种子进行消毒，应该选择那些对菌肥不会产生影响和伤害的，此时的步骤是先消毒后拌菌剂。

目前，有很多农民对生物肥料的施用方法和施用范围还没有完全了解，因此就将它们和化肥混为一谈，按照化肥的标准来施用，这就导致生物肥料的优越性得不到完全释放，也发挥不了应有的作用。因此，不少施用者难免对生物肥料的可靠性产生怀疑。其实我们应该认识到，微生物肥料和化肥是相互支撑的，只是由于现代生物技术水平还达不到期望的要求，所以微生物肥料完全取代化肥还有改进的空间。因此，现代农业生产中仍然是以化肥为主、微生物肥料为辅的模式存在。

微生物肥料在作物中发挥效用的时期一般是生产前期，这一阶段施肥效果最为明显。所以若使微生物肥料作用于植物根际中而发挥作用，就需要与种子同时播种以确保共同发育。而那些需要叶面喷洒的微生物肥料，也需要在秧苗早期施用，这样可以占据比较有效的生态位置，排斥病原并产生促进植物生长的激素。生产商和推广人员在进行销售时要首先将微生物产品的使用方法向农民朋友进行讲解，使其可以熟练掌握产品的使用并使微生物肥料的效用完全发挥出来。

（二）固体菌剂的施用方法

固体菌剂还分为单一菌剂和复合菌剂两种类型。单一菌剂是指那些其中只含有一种微生物的菌种，具有很强的针对性。例如，如果土壤表现为缺氮状态，就可以选用固氮菌菌剂；如果土壤表现为缺磷，那么就可以施用解磷类微生物菌剂。复合菌剂，顾名思义是指那些含有两种以上的微生物菌种，作用相比单一菌剂就全面一些，对作物的生长、改良土壤、防病等都有一定的作用，而且适用的作物种类比较多。在进行菌剂的选择时可以针对土壤的肥力情况选出适合的菌剂类型，其使用方法都是相同的。

（1）拌种。取适量菌剂倒入容器内，再加入适量清水，使菌剂与水按照1∶1的比例混合均匀，然后再放入一定量的作物种子，充分搅拌均匀，直到种子表面都均匀地覆盖上一层菌剂，置于通风处阴干后播种即可。采用拌种的方式，不仅可以促进种子的生长发育，还可以减少作物病虫害的发生，这种方法对大多数作物种子都适用。

（2）浸种。将适量菌剂倒入容器内，再倒入适量清水，使菌剂与水按照1∶2的比例混合均匀，然后放入种子进行搅拌，浸泡 8～12h，捞出后置于通风处阴干后再进行播种。这样做的目的主要是尽可能地使种子的发芽率得到提高，增强抵抗病虫害的能力。

（3）蘸根。以红薯苗为例，将适量菌剂倒入容器内，再加入适量清水，使菌剂与水按照 1∶2 的比例混合均匀，调成糊状，然后将红薯根放入菌剂中泡 10min 左右。在需要栽植的洞穴中浇入适量水，再把经过蘸根的红薯苗放入穴内，用土盖好即可。这种方法适用于有根作物，而且是在移栽时使用最好，这样可以在一定程度上促进作物早生根、多生根。

（4）拌肥。农民在实际使用微生物肥料时可以将其和农家有机肥进行混合，当成基肥或者在追肥时使用。先将经过腐熟的有机肥堆放在地里备用，然后将适量菌剂倒在有机肥上，这时微生物菌剂与有机肥按照 1∶10 的比例混合拌匀。一般添加量每亩 10～20kg。需要注意的是有机肥必须腐熟彻底后才可以使用，如果腐熟不彻底会杀死菌剂中的一些微生物。将拌匀的肥料均匀撒在地里，然后翻耕入土作基肥，以提高土壤的肥力。

（5）拌土。另外，微生物菌剂还可以拌土使用，菌剂与土的比例为 1∶2。将两者搅拌均匀，制成营养土，既可以当成基肥，也可以作为沟施肥。在作为沟施肥施用时，首先在整好的地里开沟，然后将营养土倒入沟内，经过浇水、覆土的过程后，点种或下苗即可。应用这种方法后能培肥地力、促进种子或苗木生长。每亩可用菌剂的量为10～20kg。

（三）有机物料腐熟剂的施用方法

有机物料腐熟剂是一种能够加速各种有机物料分解、腐熟的微生物活体制剂，可以用来制作堆肥。

堆肥的制作过程可以按照下面的步骤来实施。首先，在田边的空余地角选择一个适当的位置。其次，把农作物秸秆、畜禽粪便混合均匀，堆积成长1m、宽2m的草堆，其间堆一层物料就需要撒一层腐熟剂，总的堆积高度为1～1.5m。一般来说，腐熟剂的用量与物料的比例为1∶1000，也就是说通常发酵1t有机肥需要的腐熟剂为1kg。等物料堆积好以后往上面淋水，水分控制在50%～60%。如果是在冬天还需要用塑料薄膜将物料堆封起来以便保温，当温度达到40℃左右时，就要进行一次翻堆，自然堆积发酵30～40d后即可使用。这种发酵腐熟后的肥料几乎包含作物所需的各种微量元素，同时含有固氮、解磷、解钾功能菌，能够防止土壤板结、培肥地力。

（四）生物有机肥及复合微生物肥的施用方法

一般来说，生物有机肥和复合微生物肥内的功能菌是非常丰富的，具有固氮、解磷、解钾等多种作用，而且还具有一定的肥效。生物有机肥相对其他肥料来说肥效比较慢，而且肥力有限，但安全环保，对作物和产品品质有明显的改善作用，而且还可以配合化肥来使用；而复合微生物肥的肥力就高一些，而且肥效快，在肥沃的土地上甚至可以代替化肥。

生物有机肥和复合微生物肥都适合大面积种植作物的使用，而且使用方法也简便一些，通常都是直接施在地里当成基肥或追肥，用量基本一样。

做基肥时需要在整地前就撒施到地里，然后再进行耕翻。此时的用量需要考虑作物要求、地力条件等因素的制约。一般粮食作物每亩用量100kg，茶叶和烟草每亩150kg，甘蔗每亩8000kg，瓜果蔬菜每亩100kg，土豆、甜菜每亩100kg。

做追肥时需要在苗旁开沟，然后在靠近苗根的地方施入生物有机肥或复合微生物肥，最后覆土。每亩用量和基肥一样。

（五）固氮菌肥的施用方法

微生物肥料的施用还需要因地制宜，必须考虑当地耕作、水分管理等有关农业技术措施并与之密切配合；微生物肥料不适合长时间放置，最好是制得或买来之后就马上使用，施用前应存放在通风干燥处，避免受到光、热的影响。一般来说，微生物肥料不和化学肥料同时施用。

1. 根瘤菌肥料的施用

目前，我国的根瘤菌菌剂，要求每克菌肥含活菌3亿个，杂菌含量不超过1%，一般每kg可拌420～667m^2土地的种子。拌种时要在阴凉处进行，随拌随种。拌种的方法可用直接拌种或拌肥播种两种方法，直接法如花生根瘤菌肥料，可用100g菌种加适量凉水拌匀，当天播种。拌肥播种如拌苕子，则种子可先用水浸6～12h，然后滤干水分备用，将根瘤菌菌剂加适量水调成糊状，洒在摊晒的种子上搅拌均匀，晾晒2h左右即可播种；也可把糊状的菌剂兑水用干净喷雾器喷洒在种子上，然后晾干后播种。还有一种方法是拌肥盖种，也就是说把菌剂兑水后喷在肥土上作盖种肥用。

为了提高根瘤菌的增产效果，需要注意以下几方面的问题。

(1) 选配那些高效共生的固氮组合。在选育高效固氮菌株前，需要进行亲和性、结瘤性测定的过程。

(2) 在生产菌肥的时候，要多加注意质量问题。要保证菌剂含有足够量的氮，保证含有最少量的杂物，尤其需要注意的是，含水量要低于30%。

(3) 需要掌握接种技术。根据美国对根瘤菌接种量的要求，每一亩接种菌肥的量为100g。有些地区经常种植的作物是豆类，那么在此地区需要加大菌肥的施用量，以便可以达到最好的效果。不同的地区有不同的栽培条件，可以根据每个地区的特点适当地施用钙、镁、磷、肥等物质。如此一来，可以很大程度地提高种子的发芽率以及菌种的成活率。

(4) 加强管理。提高豆科作物和根瘤菌生长的共生固氮作用。

2. 固氮菌肥料的施用

固氮菌肥料是一种微生物肥料，含有大量的好气性自生固氮菌。自生固氮菌可以独立存在，不需要寄生于高等植物。它可以将土壤中的有机质和根系分泌物质中的碳源化为己用，独立地生存在土壤中，还可以固定空气的氮或者直接将土壤中的无机含氮化合物化为己用。土壤中含有大量的固氮菌，它的分布受到有机质含量、酸碱度、湿度、钙磷钾含量等因素的影响。

(1) 固氮菌对酸碱度非常敏感，稍有变化就可对其产生影响，它生存的最适pH值为7.4～7.6，偏碱性。若是要施用的土壤偏酸性，需要在使用的时候结合石灰，以提高固氮菌的生存率，达到更大程度固氮的目的。固氮菌的使用条件比较苛刻，在使用的时候需要注意不要与杀菌型农药混用，不要与过酸或过碱的肥料混合使用。

(2) 固氮菌在土壤中生存的时候，要求一定的湿度，生长最为迅速的时候是田间持水量达到60%～70%的时候，田间持水量低于25%的时候不生长。所以，在施用固氮菌肥料的时候，需要格外注意土壤的湿度。

（3）固氮菌最适宜的生长温度为25～30℃，一旦温度高于40℃就停止生长；温度低于10℃也会停止生长。所以，固氮菌多保存在具有一定湿度的阴凉处。

（4）固氮菌只有在碳水化合物丰富而又缺少化合态氮的环境中，固氮作用才能完全发挥出来。土壤中碳氮比低于（0～70）：1时，固氮作用就会马上停止。土壤中适宜的碳氮比是固氮菌发展成优势菌种、固定氮素最重要的先决条件。因此，固氮菌最好在用富含有机质的土壤中，或与有机肥料配合施用。

（5）不可连续在土壤中施用氮肥和固氮菌肥，通常间隔10d左右，这样可以保证最大的固氮效果。若是土壤比较贫瘠，在使用固氮菌肥的时候需要与磷、钾元素相结合，可以提高固氮菌的活性。

（6）各种作物都可以施用固氮菌肥，施用效果最好的是叶类蔬菜和禾本科植物。一般在施用固氮菌肥料的时候需要伴随着搅拌，搅拌的同时播撒，然后立即覆盖土壤。还可以在灌溉的时候施用，随着水流添加。

（六）解磷细菌肥料的施用方法

解磷细菌肥料根据生产剂型的区别可划分为液体解磷细菌肥料、固体解磷细菌肥料和颗粒状解磷细菌肥料三种不同类型。解磷细菌在生命活动中不仅具有解磷的作用，而且对促进固氮菌和硝化细菌的活动，分泌异生长素、类赤霉素、维生素等刺激性物质，刺激种子发芽和作物生长都具有明显效果。解磷细菌肥料对各种作物都适用，原则是及早集中施用。通常情况下是作种肥，有时也可作基肥或追肥。具体施用量以产品说明为准。

（1）基肥。在施用的时候可以与农家肥结合施用，采用沟施或穴施，需要注意的是在施用后要立即覆土。作基肥时可与有机肥拌匀后条施或穴施，或是在堆肥时接入解磷微生物，使其分解作用得到充分发挥，然后将堆肥翻入土壤，这样施用的效果比单一施肥的好一些。

（2）追肥。将肥液在作物开花之前追施于作物根部。

（3）拌种。在解磷细菌肥料内加入适量清水调成糊状，加入种子混合搅拌均匀，然后将种子捞出放于通风处阴干即可播种。种子拌种一般都是随用随拌，如果拌好后不能马上使用，则需要放置在阴凉处覆盖保存。

移栽作物时大多采用的都是蘸秧根的办法。作种肥时要随拌随播，播后覆土。解磷细菌肥料不能和农药及生理酸性肥料（如硫酸铵）同时施用。且在保存或使用过程中为了保持肥料的肥力要避免阳光直晒。磷细菌属好气性细菌，解磷细菌肥料使用的土壤要保证通气良好、水分适当、温度适宜（25～37℃）、pH值为6～8的富含有机质的土壤，如果土壤性质偏酸的话，就必须配合施用大量有机肥料和石灰。

（七）硅酸盐细菌肥料的施用方法

解钾细菌肥料又称生物钾肥、硅酸盐菌剂，是由人工选育的高效硅酸盐细菌经过工业发酵而生成的一种生物肥料。该菌剂不仅可以对土壤中的硅酸盐类的钾进行强烈分解，还能分解土壤中的难溶性磷。除了可改善作物的营养条件外，还能提高作物对养分的利用能力。解钾细菌肥料可用作基肥、追肥、拌种或蘸根，但在施用时应注意以下几个方面的问题。

（1）作基肥时，解钾细菌肥料最好配合有机肥料施用。因为硅酸盐细菌的生长繁殖也需要养分的支持，有机质缺少时对生命的进行是非常不利的。

（2）紫外线对菌剂有杀灭作用。因此，在储、运、用时应避免阳光直射，拌种时要在背光处进行，待阴干后（不能晒干），就要马上播种、覆土。

（3）钾细菌肥料可与杀虫、杀真菌病害的农药配合施用（先拌农药，阴干后拌菌剂），但不能与具有杀细菌作用的农药接触，苗期细菌病害严重的作物（如棉花），菌剂最好采用底施的方式，以免耽误药剂拌种。

（4）钾细菌比较适宜生长的pH值范围为5.0～8.0。基于这方面的考虑，钾细菌肥料一般不能与过酸或过碱的物质同时存在。

（5）在严重缺钾的土壤上，如果单纯只靠解钾细菌肥料的补充，往往很难满足需求。尤其是在早春或冬前气温还比较低的状态下（解钾细菌的适宜生长温度为25～30℃），其活力会受到影响而导致生长前期的供钾能力降低。这时候，就需要考虑适量化学钾肥的配合施用，使两者的作用可以相互补充。需要注意的是解钾细菌肥料与化学钾肥之间的拮抗作用明显，因此要严禁两者直接混用。

（6）当解钾细菌肥料施入土壤后，还需要经过一个从繁殖到释放速效钾的过程，所以为了缩短解钾、解磷的时间，必须提前施用。

（八）复合微生物肥料的施用方法

复合微生物肥料是指那些含有多种有益微生物的生物制品。这种肥料的优势在于作用效果全面，一方面可改善作物营养、促进生长、提高抗病能力，另一方面还能增强土壤生物的活性。同时各菌种之间是一种互利共生的生存状态，需要彼此的配合才可以存活。从这个角度来看的话，复合微生物肥料在适应性和抗逆性方面又具有很大的优势，且肥力持续时间长，成为了微生物肥料业争相研究的方向，同时也是微生物肥料发展的趋势所在。

现有研究是以一种微生物与其他营养物质（如与大量元素、微量元素、稀土元素或植物生长激素等）为基础，经过复配后可以生成一种复混微生物肥料。不管最后选择的复配方式是什么样的，在复配制剂的过程中所关注的核心问题是所处环境内的 pH 值、盐浓度或复配物本身对微生物的存活不可以存在负面影响，否则这种复配就是不科学的，是不可取的。

此外，因为在复配过程中会有多个菌种的共同参与，此时最需要关注的问题就是确保复配中的各种微生物之间是不发生排斥的，也就是没有拮抗作用的，如果条件允许菌种之间最好是彼此促进的关系；除了选用多个菌种组合外，最好还要选用同一菌种中各方面优势都比较明显的多种菌株，如适应性强、繁殖速度快、抗逆性强等。目前，我国使用的多种复合微生物肥料就属于这种类型。

复合菌肥发挥作用并不是偶然的，只有同时满足各种有益微生物的生长发育条件，才可以达到最佳状态。例如，有机质丰富、适量的磷肥、酸碱度适宜等外部条件同时满足，其增产作用才能清楚表现出来。

单从复合的角度来考虑，复合菌肥作为基肥或追肥都是可以的。一方面，施用复合菌肥时最好是提前将菌液先接种到有机肥料中，使两者充分混合均匀后再进行施用；另一方面，就是可以将部分菌液接种到一定数量的有机肥料中进行堆沤，大约经过 1 周左右再将大部分的有机肥料掺入其中，施用即可。这一方法需要注意的是堆放的过程中造成了部分营养成分的流失，所以搅拌后最好不要马上施用。

目前，微生物肥料的发展正在从豆科接种剂面向非豆科用肥方面转型；正在由单一菌种制剂向复合菌种制剂方面转型；由单功能向多功能方面转型；由无芽孢菌种向芽孢菌种方面转型。从这里我们可以预测出在今后的农业建设中微生物肥料的作用不容小觑。

（九）光合细菌肥料的施用方法

生产的光合细菌肥料通常情况下都是液体菌液。①作种肥使用，对生物的固氮作用是非常有利的，可以适当提高根际的固氮效应，使土壤肥力得到一定的增强；②叶面喷施，可改善植物营养，增强植物生理功能和抗病能力，从而起到增产和改善作物品质的作用。实践证明，施用光合细菌的效果良好，表现在提高土壤肥力和改善作物营养，以及对作物病害控制方面。此外，畜牧业上应用于饲料添加剂，畜禽粪便的除臭，有机废物的治理上均有较好的应用前景。

(十) 抗生菌肥料的施用方法

抗生菌肥料是指用那些可以分泌抗生素和刺激素的微生物所制成的肥料。所选择的菌种一般都是放线菌,我国一直使用的“5406”抗生菌菌肥就是属于这一类型。其中的抗生素对某些病菌的繁殖具有一定的抑制作用,对农作物起到一个防病、保苗的作用;而刺激素的存在则是对作物的生长有一定的促进作用。另外,“5406”抗生菌还可以对土壤中不能被作物吸收利用的氮、磷养分起到转化的作用,提高作物的吸收能力。“5406”抗生菌肥在施用时采取的方法也是多样的,如拌种、浸种、撒施等都是可以的。

第八章　微生物肥料应用实例

微生物肥料的种类很多，不同微生物肥料发挥效能的机理不同，对不同土壤、作物的适用性也不同。科学评价微生物肥料中的各个组分对作物品质、产量、土壤及其环境的影响，以便获得适宜的施用种类、时期、用量、方法和配比等，为微生物肥料的应用提供可靠的数据支持和示范指导。

第一节　微生物肥料在小麦种植中的应用

微生物肥料能有效降低小麦株高，增加穗长、有效穗数、穗粒数，提高千粒重。固氮菌、解磷解菌、解钾解菌单独施用或混合施用，可提高春小麦产量，增产幅度5%～12%。施微生物肥料比施等量化肥春小麦穗粒数增加13.8%，穗长增加6.2%，籽粒和生物产量分别提高11.8%和12.4%，增产效果显著。有些地区施用微生物肥料小麦增产甚至达到10.1%～29.7%。

一、小麦所需肥料的特点

小麦在生长发育过程中需不断从土壤中吸收氮、磷、钾、钙、镁、硫、硅、氯、铁、锰、硼、锌、铜、钙等营养元素，其中氮、磷、钾吸收量最多，一般中等肥力水平的麦田每生产1000kg籽粒需要氮（N）25～35kg、磷（P_2O_5）10～15kg、钾（K_2O）25～31kg、钙（CaO）5.9～6.7kg、镁（MgO）3.4～4.1kg、硫8～12kg、铁825g、锌60～82g、锰59～79g、铜66～70g，氮、磷、钾的比例约为1∶0.42∶0.93。据报道，冬小麦一生吸收氮、磷、钾的比例为1∶（0.35～0.40）∶（0.8～1.0）。从营养元素向籽粒运送的效率看，以氮、磷最高，锌、锰、镁、铜次之，钾、钙、铁最低。

小麦在营养生长阶段（出苗、分蘖、越冬、返青、起身、拔节）施肥的主要作用是促分蘖和增穗，生殖生长阶段（孕穗、抽穗、开花、灌浆、成熟）则以增粒重为主。一般从拔节到开花，是小麦一生中吸收养分的高峰时期，占全生育期养分吸收量的50%以上，尤其对磷、钾的吸收量大。

北方小麦一般有较长的越冬期，对氮素的吸收占有重要地位。适量的氮素有助于增加冬前有效分蘖数和总穗数。如氮素过多，反而会引起减产。

二、小麦施肥技术

我国小麦主要产区在黄淮平原和华北平原。北方土壤大多偏碱，磷素易被固定，易使小麦缺磷，而钾素相对南方较为丰富。小麦施肥应以有机、无机肥相结合。北方小麦较为合理的养分配比为 $N : P_2O_5 : K_2O = 1 : 0.75 : 0.35$，南方旱地小麦为 $N : P_2O_5 : K_2O = 1 : 0.4 : 0.36$。

小麦在各个生长发育阶段吸收氮、磷、钾养分的规律是：从出苗至返青前，吸收养分和积累干物质较少；返青以后吸收速度增加，从拔节至抽穗是吸收养分和积累干物质最快的时期；开花以后对养分的吸收率逐渐下降。据中国农业科学院土壤肥料研究所对亩产412kg冬小麦植株的分析结果，在营养生长阶段小麦吸收的氮占全生育期总量的40%、磷占20%、钾占20%；从拔节到扬花是小麦吸收养分的高峰期，约吸收氮48%、磷67%、钾65%；籽粒形成以后，吸收养分明显下降。因此，小麦苗期应有足够的氮和适量的磷、钾营养。

根据小麦生育规律和营养特点，应重施基肥和早施追肥。基肥用量一般应占总施肥量的60%～80%，追肥占20%～40%。

（一）施足基肥

一般在前茬作物收获后结合土地翻耕施基肥，目的是深施肥，以满足小麦中后期对养分的需要。基肥以有机肥为主，配合适量无机养分，一般每亩施有机肥2000～5000kg和小麦专用肥30～50kg（或尿素10kg、磷酸二铵15～20kg、氯化钾10kg）。

（二）种肥

小麦播种时，还可以将少量化肥作种肥，以保证小麦出苗后能及时吸收养分，对增加小麦分蘖和次生根生长有良好的作用。小麦种肥在基肥用量不足或贫瘠土壤、晚播麦田上应用，其增产效果更为显著。每亩可用小麦专用肥8～15kg［或尿素2～3kg（或硫酸铵5kg）和过磷酸钙5～10kg］。种子和化肥最好分别播施。

（三）合理追肥

追肥结合灌溉可提高施肥效果。小麦生育期一般追肥 2 次，在越冬前或返青后及拔节期各 1 次，每次施小麦专用肥 10～30kg。返青后也可追施尿素 10～25kg。小麦生长中后期可喷施氨基酸叶面肥，若在稀释的肥液中加入 0.2%～0.4%磷酸二氢钾，则效果最好。每 10d 左右喷施 1 次，连喷 2～3 次，可防小麦倒伏，提高小麦产量和品质。应注意的是，若追肥是小麦专用肥时，可穴施、沟施，但应提前施用，也可对水溶化后随水冲施。小麦在越冬前不要追施氮肥。

三、小麦专用肥料配方

氮、磷、钾三大元素含量为 30%的配方：

30%＝N15：P_2O_5 8：K_2O 7

＝1：0.53：0.47

原料用量与养分含量（kg/吨产品）：

硫酸铵 100　N＝100×21%＝21

S＝100×24.2%＝24.2

尿素 263　N＝263×46%＝120.98

磷酸一铵 69　P_2O_5＝69×51%＝35.19

N＝69×11%＝7.59

过磷酸钙 250　P_2O_5＝250×16%＝40

CaO＝250×24%＝60

S＝250×13.9%＝34.75

钙镁磷肥 25　P_2O_5＝25×18%＝4.5

CaO＝25×45%＝11.25

MgO＝25×12%＝3

SiO_2＝25×20%＝5

氯化钾 116　K_2O＝116×60%＝69.6

Cl＝116×47.56%＝55.17

氨基酸硼 10　B＝10×10%＝1

氨基酸螯合锌、锰、铁、铜 15

生物磷钾菌剂（颗粒）50

氨基酸 30　生物制剂 20　增效剂 10　调理剂 42

第二节　微生物肥料在玉米种植中的应用

试验研究结果表明，施用微生物复混肥料，有效菌为固氮菌、有机磷细菌、地衣芽孢杆菌和无机磷细菌，使饲料玉米生物量提高14.2%，具有显著的增产效果。大田试验结果表明，微生物肥料能使玉米植株增高、增粗，扩大叶面积，增加千粒重，增产幅度11.6%～18.2%。

一、玉米所需肥料的特点

各地研究表明，每生产1000kg玉米籽粒，春玉米氮、磷、钾吸收比例为1∶0.3∶1.5，吸收氮（N）35～40kg、磷（P_2O_5）12～14kg、钾(K_2O) 50～60kg；夏玉米氮、磷、钾吸收比例为1∶（0.4～0.5）∶（1.3～1.5），吸收氮（N）25～27kg、磷（P_2O_5）11～14kg、钾（K_2O）37～42kg。玉米不同生育期对养分的吸收特点不同，春玉米与夏玉米相比，夏玉米对氮、磷的吸收更集中，吸收峰值也早。一般春玉米苗期（拔节前）吸氮仅占总量的2.2%，中期（拔节至抽穗开花）占51.2%，后期（抽穗后）占46.6%；夏玉米苗期吸氮占9.7%，中期占78.4%，后期占11.9%。春玉米吸磷，苗期占总吸收量的1.1%，中期占63.9%，后期占35.0%；夏玉米苗期吸收磷占10.5%，中期占80%，后期占9.5%。玉米对钾的吸收，春、夏玉米均在拔节后迅速增加，且在开花期达到峰值，吸收速率大，容易导致供钾不足，出现缺钾症状。玉米对锌敏感，施适量锌可提高产量。

二、玉米施肥技术

根据玉米生育期营养吸收规律，施肥原则是施足基肥，轻施苗肥，重施拔节肥和穗肥，巧施粒肥。应注意的是不可偏施氮肥，以免造成养分供应不平衡。

（一）基肥

基肥以有机肥为主，一般每亩施3000kg左右有机肥和玉米专用肥40～60kg。一般基肥中迟效性肥料约占基肥总用量的80%，速效性肥料占20%。基肥可全层深施。肥料用量少时可采用沟施或穴施。间作或混作玉米应重视种肥，一般用有机肥料配合适量氮、磷、钾化肥，采用条施或穴施方法进行。

（二）追肥

每亩施肥量低于20kg专用肥时，宜在拔节中期施一次追肥，秆、穗齐攻。一般早熟品种播后30d左右（即“喇叭口”期）追肥为好，中熟品种播后25d左右追肥，晚熟品种播后35～40d追肥，每亩施用量超过20kg专用肥的以分次追施为好。重点放在攻秆和攻穗肥，辅之以提苗、攻籽肥。各地试验结果表明，采用二次追肥一般以前重后轻即攻秆肥60%～70%、攻穗肥30%～40%为好，高肥力田块或施过底肥、种肥、提苗肥的以前轻后重为佳。对于一些缺锌、铁、硼等微量元素的土壤，在拔节、孕穗期喷施氨基酸叶面肥或0.3%硫酸锌、0.2%硼砂溶液，均有显著的增产效果。

三、玉米专用肥料配方

氮、磷、钾三大元素含量为35%的配方：

35%＝N 12.5∶P_2O_5 5.5∶K_2O 17＝1∶0.44∶1.36

原料用量与养分含量（kg/吨产品）：

硫酸铵100　N＝100×21%＝21

S＝100×24.2%＝24.2

尿素204　N＝204×46%＝93.84

磷酸一铵73　P_2O_5＝73×51%＝37.23

N＝73×11%＝8.03

过磷酸钙100　P_2O_5＝100×16%＝16

CaO＝100×24%＝24

S＝100×23.9%＝13.9

钙镁磷肥10　P_2O_5＝10×18%＝1.8

CaO＝10×45%＝4.5

MgO＝10×12%＝1.2

SiO_2＝10×20%＝2

氯化钾283　K_2O＝283×60%＝169.80

Cl＝283×47.56%＝134.59

氨基酸硼10　B＝10×10%＝1

氨基酸螯合锌、锰、铁、铜、钼15

硝基腐植酸铵100　HA＝100×60%＝60

$$N=100\times2.5\%=2.5$$

氨基酸 30　生物制剂 23　增效剂 12　调理剂 40

第三节　微生物肥料在烟草种植中的应用

土壤是作物生长的载体，良好的土壤环境是生产优质烟叶的基础。而土壤 pH 值是土壤理化性质和肥力特征的综合反映，它对土壤的物理性质、微生物活动、养分转化、养分存在形态和有效性都有着重要影响，是影响烟草生长发育和烟叶产量的最要因素之一。长期以来，土地复种指数高、化肥的大量施用和连作等导致土壤生态环境恶化，尤其是土壤酸碱度不适宜严重影响土壤养分的有效化和土壤性状，从而制约了土壤环境，影响了烟草的生长发育，限制了烟叶的产量和品质。因此，烟田的土壤改良越来越受重视。

烟草生长对土壤酸碱度的适应性较广，但微酸性土壤利于烟草的生长发育和优良品质的形成，生产优质烟草的土壤适宜 pH 值为 5.5～7.0。土壤 pH 值过高，烟草会积累大量的钙和氯等，而钙和氯过多均对烟草品质不利。而且，碱性土壤种植的烟草焦油量比同等条件下酸性土壤种植的焦油量高。反之，土壤 pH 值过低，会明显影响土壤中微生物的活动、有机质的合成和分解、营养元素的转化与释放、微量元素的有效性以及土壤保持养分的能力等，从而影响到土壤生产性能的提高和烟草的生长发育。

与此同时，烟草的根多病原菌可以在土壤或烟茎中存活 2～3 年甚至更长的时间，导致了烟草病害的严重发生。目前，化学农药在烟草种植过程中一直发挥着巨大的作用，但是其存在着农药残留等问题，对烟草的优质健康发展有一定的障碍。通过生物手段，施加外源有拮抗作用、生长迅速的有益菌剂或土壤改良剂，有利于有益菌株产生拮抗物质或通过竞争营养及空间来抑制土壤中的病原菌，从而减少病原菌的数量和感染，这种方式绿色环保，不污染环境，对烟草的健康发展有很大的帮助。

一、烟草中微生物肥料的制备方法

针对现有技术的不足，本书的主要目的在于提供一种烟田用土壤改良剂及其制备方法与应用。

为实现上述目的，本设计采用的技术方案提供了一种烟田用土壤改良剂，制备所述烟田用土壤改良剂的原料包括按重量份数计算的如下组分：

改性烟草秸秆生物炭 40～70 份、改性膨润土 30～40 份、腐植酸原粉5～30份、白云石粉 10～40 份、生石灰 10～30 份，生物黑炭10～15 份、硫黄 5～15份、枯草芽孢杆菌 HS5B5 5～10 份。

在一些实施方案之中，制备所述烟田用土壤改良剂的原料包括按重量份数计算的如下组分：改性烟草秸秆生物炭 45 份、改性膨润土 35 份、腐植酸原粉 25 份、白云石粉 13 份、生石灰 13 份、生物黑炭 15 份、硫黄 10 份、枯草芽孢杆菌 HS5B5 8 份。

在一些实施方案之中，所述的改性烟草秸秆生物炭、改性膨润土、腐植酸原粉、白云石粉、生石灰、生物黑炭和硫黄的孔径为 350～400μm 。

在一些实施方案之中，所述改性烟草秸秆生物炭的制备方法包括：将烟草秸秆生物炭筛选去杂，粉碎至 10cm 以下，在温度为 400～440℃的厌氧条件下碳化，得烟草秸秆生物炭粉，再按重量比 1∶（0.5～5）将炭粉与硫酸铁溶液充分搅拌混匀 2～4h，然后自然风干至含水量 5％～10％，即为改性烟草秸秆生物炭。

这些实施方案之中，所述生物燃炭来源于不同作物秸秆、树枝、木屑、稻壳或花生壳。

在一些实施方案之中，在制备所述烟田用土壤改良剂的原料还包括酒糟 10～20 份，硅钙粉 5～10 份。

本发明还提出了上述烟田用土壤改良剂的制备方法，其包括以下步骤：

（1）按上述各组分的重量份数称取改性烟草秸秆生物炭、改性膨润土、腐植酸原粉、白云石粉、生石灰、生物黑炭、硫黄和枯草芽孢杆菌 HS5B5。

（2）将改性烟草秸秆生物炭、改性膨润土、生石灰、生物黑炭和硫黄过筛，直至孔径为 350～400mn，之后将改性烟草秸秆生物炭、改性膨润土、生石灰、生物黑炭和硫黄于水中浸泡，混合均匀后干燥制得混合物Ⅱ且混合物中含有水分的质量百分比为 8％～10％。

（3）向混合物Ⅰ中加入腐植酸原粉和白云石粉，搅拌均匀制得混合物Ⅱ，将混合物Ⅱ置于转速为 1500～2000r/min 的离心机中离心，除去上清液后收集沉淀物，并进行干燥直至沉淀物中水分的质量百分比为 1％～5％，之后加入枯草芽孢杆菌 HS5B5 搅拌均匀，静置 12～18h 即制得所述的烟田用土壤改良剂，其最终 pH 值为 3～10。

二、烟田用土壤改良剂的使用方法

本方案还提出了上述烟田用土壤改良剂的使用方法，其包括以下步骤：

（1）选取烟田并测定其土壤 pH 值和面积。

（2）根据烟田土壤pH值及面积调节所述烟田用土壤改良剂的pH值和施加量，按照1700～3500kg/hm^{2}均匀施加到烟田中，烟田土壤在施用该土壤改良剂后pH值为5.5～7.0。

三、烟田用土壤改良剂在烟田中的具体应用

此外，本实验还提出了上述烟田用土壤改良剂于烟田中的应用。

本实验的原理是：改性烟草秸秆生物炭来源方便，不仅可以解决烟草秸秆资源浪费的问题，而且可以有效改善烟田土壤理化性质与微生态环境，作为有效的无污染吸附剂进行烟田土壤修复，提高烟田土壤生产性能，烟叶的产量和品质；改性膨润土含有多种元素，主要是硅、钾、钠、钙、铝、铜、锌、钴、锰、氯等，能够提高烟田土壤肥力、同时，改性膨润土能够改变烟田土壤中的固体、液体、气体的比例，使土壤结构疏松，改善土壤物理性状，使土壤既保水、保肥，又不污染土壤环境，提高土壤持水性和保水性，极大地促进烟草根系的生长；腐植酸能够显著提高烟田土壤中有机质含量，显著提高土壤碳、磷素营养的供应能力，同时对土壤溶液的缓冲性比较强，可以调节土壤pH值，能够修复污染土壤；白云石粉不仅能够改善烟草土壤的酸化程度，降低土壤交换性铝的含量，而且能够为烟田土壤补充钙、镁等中量元素；生石灰不仅可以改良酸性烟田土壤，而且具有杀菌消毒作用，能够控制土壤酸化所造成的烟草土传病害增加；生物黑炭是一类具有较大比表面积、转高的碳含量、化学惰性和生物稳定性的富碳物质，施入烟田土壤后，可以改善土壤酸碱度，疏松土壤结构，改善土壤通气性，增加土壤有机质含量，提高土壤养分有效性，降低土壤污染；硫黄可以降低土壤pH值，改良盐碱烟田土壤，其有灭菌防腐、促进伤口愈合、防治烟草病害的作用，还可供给植株养料，促进烟草生长发育；枯草芽孢杆菌HS5B5是一株分离于土壤表层、耐受力强、繁殖速度快、拮抗性能优秀的芽孢杆菌菌株，它可以凭借芽孢在恶劣的环境中存活，在适宜条件下通过二分裂的方式进行生长和繁殖，周期短，不仅可以靠数量优势竞争土壤病原菌的营养，压缩其生存空间，同时可以产生大量胞外蛋白使病原菌细胞裂解、菌丝断裂、孢子畸变，直接抑制病原菌的生长。试验证明，枯草芽孢杆菌HS5B5可以有效抑制果蔬及作物常见真菌病原菌，具有拮抗效果显著、抑菌谱广泛的特点；酒糟与烟田土壤颗粒相结合形成良好的团粒结构，有利于提高土壤的保水、保肥能力及改良碱性土质，而且含有较多的磷、钾肥及多种微量元素，可以提高烟田土壤肥力。同时，酒糟携带大量发酵微生物，能够将土壤中的大分子有机物转化成烟草能吸收的速效

养分，微生物发酵过程产生的热量可提高土壤温度，有利于烟草根系的生长；硅钙粉是一种硅钙为主的微碱性复合矿物质，其中有效硅占20%～25%，氧化钙的含量为35%～45%，可为烟草补充硅元素和钙元素，促进烟株光合作用，同时具有良好的改良烟田土壤酸性的持久效能。

与现有技术相比，本实验的优点包括：烟田用土壤改良剂能够明显改善土壤酸碱度和土层结构，可以避免土壤酸碱度不适对烟草生长造成的限制，提高土壤肥力，改善土壤微生态环境，促进烟株根系的生长，提升烟叶的长势和产量。同时，枯草芽孢杆菌HS5B5可以快速生长繁殖，竞争其所需营养，压缩病原菌的生长空间，产生抑菌物质，可以有效限制烟田常见真菌病害的发生。施加本实验的烟田用土壤改良剂的土壤对于换茬小麦种植有明显增产效果，可以达到19.8%。在本发明的烟田用土壤改良剂中加入酒糟和硅钙粉后能够提高土壤中有机质和微量元素的含量，增强烟株的抗逆性，显著提高烟叶品质和产量，同时对于换茬小麦种植，增产幅度达到24.4%，效果更为显著，大大超出了技术人员的预期。

（一）试验一

在洛阳市洛宁县东宋乡柏原村选取2亩烟田，试验分为A、B、C、D、E、F六组，3次重复，共18个小区，随机排列，小区面积为74m^2。处理分别为A组（对照）不施加本设计的烟田用土壤改良剂，B组施加普通市售土壤改良剂，C组施加本设计除去枯草芽孢杆菌HS5B5和腐植酸原粉后的烟田用土壤改良剂，D组施加本设计除去枯草芽孢杆菌HS5B5后的烟田用土壤改良剂，E组施加本设计的烟田用土壤改良剂，F组施加添有酒糟和硅钙粉后的本设计的烟田用土壤改良剂。肥料用量与当地水平一致，移栽烟苗后每日观察烟苗生长状态、有无死苗等问题。

(1) 在烟叶成熟期，观察记录烟株的株商、茎围、有效叶数、最大叶长和最大叶宽，每个小区随机观测5株，取平均值；同时记录感染病害株数（所述病害主要指烟草灰霉病和烟草黑胫病等常见烟草真菌病害）。结果如见8-1。

表8-1　各种处理对成熟期烟叶农艺性状的影响

组别	株高（cm）	叶长（cm）	叶宽（cm）	茎围（cm）	叶数（片）	感染病害（株）
A组	89.3±6.4a	66.1±1.8a	26.8±1.1a	7.9±0.3a	17.3±0.8a	15
B组	96.1±2.9a	66.7±1.3a	28.3±0.9a	8.1±0.6a	18.1±0.7a	14
C组	99.8±3.2a	69.2±2.1a	29.6±1.2a	8.3±0.7a	19.2±0.7a	9

续表

组别	株高（cm）	叶长（cm）	叶宽（cm）	茎围（cm）	叶数（片）	感染病害（株）
D组	108.4±4.0b	73.3±1.7 b	31.2±1.0a	8.9±0.4a	21.1±0.5a	7
E组	115.2±5.6 b	75.8±2.0 b	32.5±0.9 b	9.3±0.3 b	21.9±0.6 a	2
F组	127.8±2.9 b	78.3±1.9 b	33.7±1.3 b	10.2±0.4 b	22.8±0.5 a	1

表8-1中，株高、叶长、叶宽、茎围及叶数等农艺指标均反映了烟株的生长情况和对营养的利用转化能力，a和b表示不同数据间差异的显著性，相同字母间差异不显著，不同字母间差异显著。结果显示，E组和F组烟叶长势最好，其株高、叶长等4个农艺指标均高于对照A组和施加普通市售土壤改良剂的B组，且差异显著。同时，只有E组和F组添加了枯草芽孢杆菌HSSB5，其病害发生率明显降低，只有1～2株感染了病害；C组和D组的农艺指标虽然与A组和B组差异不显著，但是都有明显的增长趋势，烟株长势及抗逆性提升，感染病害的株数也要少于A组和B组。

综合以上分析，本设计能够提供丰富的营养物质，提高土壤肥力，促进烟叶的光合作用和营养生长，提高烟草的抗逆性。枯草芽孢杆菌HSSB5可以快速生长，压缩病原菌的生长空间，竞争其所需营养，产生抑菌物质，可以有效限制烟田常见真菌病害的发生。

（2）每个小区随机取5株成熟期烟株根系，先用自来水冲洗，再用蒸馏水冲洗，用吸水纸充分吸干水分后称重，取平均值；同时，取其根系密集区土壤，混匀后测定土壤pH值及土壤各类微生物数量，土壤细菌、放线菌和真菌数量的测定采用稀释涂布平板计数法。结果见表8-2。

表8-2　各种处理对成熟期烟叶根系及土壤微生物的影响

组别	根系鲜重（g）	细菌（10^6 CFU/g）	放线菌（10^4 CFU/g）	真菌（10^3 CFU/g）	土壤pH值
A组	50.2±1.3a	2.3±0.2a	3.5±0.5a	3.1±0.7a	7.93±0.06a
B组	53.1±2.1a	3.4±0.6a	4.3±0.4a	3.9±0.6a	7.03±0.06b
C组	55.7±1.8a	5.5±0.7a	6.7±0.6a	3.8±0.8a	6.73±0.06c
D组	62.2±1.6b	7.8±0.5b	7.6±0.6b	4.9±0.6a	6.10±0.10d
E组	66.8±1.5b	12.3±1.0c	10.2±0.7c	6.2±0.9b	5.90±0.10e
F组	73.2±1.7b	13.8±0.9c	12.4±0.7c	7.1±0.8b	5.87±0.06e

表8-2中，土壤pH值反映了土壤理化性质及肥力水平，关系到烟草的生长发育、产量和品质。根系是促进烟碱合成和实现烟草高产、高质的

重要部位，决定着给上部烟叶输送养分的多少。根系鲜重及其周围土壤微生物数量反映了烟株土壤的结构和供肥能力。a、b、c、d和e表示不同数据间差异的显著性，相同字母间差异不显著，不同字母间差异显著。结果显示，E组和F组的根系鲜重以及土壤三类微生物数量比其他4组有显著的提高，说明烟田用土壤改良剂施入土壤后，能改善土壤理化性质，疏松土壤结构，增加土壤中空气含量，保水保肥，明显改善烟株生长状况，同时增加了根区土壤微生物总量，改善了土壤微生态环境，促进了土壤有机质的分解和烟株根系的生长，提高了烟草的产量和品质。生产优质烟草的土壤适宜pH值为5.5～7.0，施加了本烟田土壤改良剂的C组、D组、E组和F组都能使烟田土壤（对照A组）偏高的pH值降低到微酸性，有利于烟草的生长发育和优良品质的形成。

（3）烟叶成熟后，分小区单独采摘、烘烤，统计产量，烟叶分组后按不同处理分别称重记录，计算各级产量。结果见表8-3。

表8-3　各种处理不同等级烟产量及比例的影响

组别	上等烟		中等烟		总产量（kg/hm^2）
	产量（kg/hm^2）	比例（%）	产量（kg/hm^2）	比例（%）	
A组	905	47.14	1015	52.86	1920
B组	986	47.91	1072	52.09	2058
C组	993	46.93	1123	53.07	2116
D组	1085	46.23	1262	53.77	2347
E组	1133	47.33	1261	52.67	2394
F组	1252	47.78	1263	50.22	2515

烟叶干重是烟草品质的重要指标之一，与烟农经济利益密切相关。结果显示，E组和F组的上等烟平均产量比对照A组分别提高了25.19%和38.34%，总产量分别提高了24.69%和30.99%，本发明可以显著提高烟叶的产量，可以为烟农创造更多价值。

（二）试验二

在试验一的基础上，待原2亩18个小区烟田收获完烟叶后，种植小麦进行烟田换茬。在原处理分组的相应小区上直接种植小麦，适量施加肥料，用量与当地水平一致。小麦收获后，统计产量，计算亩产。结果见表8-4。

表 8-4　各种处理对小麦产量的影响

项目	A 组	B 组	C 组	D 组	E 组	F 组
产量（kg/亩）	365.8	387.1	419.6	431.4	438.4	455.2
增幅（%）	—	5.8	14.7	17.9	19.8	24.4

烟农在种植完烟草后进行科学轮作和换茬，小麦是烟田进行换茬经常使用的农作物。结果显示，本发明不仅可以明显提高烟叶的品质和产量，而且对于换茬后小麦的种植也具有显著增产效果，C 组、D 组、E 组和 F 组比对照 A 组增产达到 14.7%、17.9%、19.8% 和 24.4%，能够提高烟农收益。

综合以上两个试验，施加本发明后，能够明显改善烟田土壤酸碱度，避免土壤酸碱度不适宜对烟草生长造成的限制；提高土壤肥力，促进烟草光合作用和营养生长；改善土壤理化性质和土层结构，增加透气性，保水保肥，增加微生物种群数量，改善土壤微生态环境，促进烟株根系的生长，显著提高烟叶的产量，增产 24.69%；枯草芽孢杆菌 HSSB5 可以快速生长繁殖，竞争其所需营养，压缩病原菌的生长空间，产生抑菌物质，可以有效限制烟田常见真菌病害的发生；施加过本发明的烟田用土壤改良剂的土壤对于换茬小麦种植有明显增产效果，可以达到 19.8%。本发明的烟田用土壤改良剂中加入酒糟和硅钙粉后能够提高烟田土壤的有机质和微量元素含量，增强烟株的抗逆性，显著提高烟叶品质和产量，增产幅度达到 30.99%，同时对于换茬小麦种植，增产 24.4%，效果更为显著，大大超出了技术人员的预期。

第四节　微生物肥料在谷子种植中的应用

用微生物肥料处理秧苗后谷子普遍生长整齐、健壮、无病，分蘖早、分蘖多。在其他条件相同的情况下，施用微生物肥料可提高谷子叶片的光合速率，增加谷子有效穗、结实率和穗粒数、干粒重，使谷子增产 4.1%～12.4%。

一、谷子所需肥料的特点

谷子正常生长发育过程中除必需的 16 种营养元素外，吸收硅的量也很大，施用硅可防止倒伏。据分析，每产1000kg谷子，需吸收硅175～200kg、氮（N）16～25kg、磷（P_2O_5）6～13kg、钾（K_2O）14～31kg。吸收氮、磷、钾的比例约1∶0.5∶1.2。杂交谷子的吸钾量一般高于普通谷子。谷子不同生育时期的吸肥规律是：分蘖期吸收养分较少，幼穗分化到抽穗期是吸收养分最多和吸收强度最大的时期，抽穗以后一直到成熟，养分吸收量明显减少。

由于谷区土壤不同，因此在施肥配比上有所差别。土壤偏酸时，磷素较为丰富，缺钾；谷田偏碱时，缺磷，施磷后易被土壤固定，钾相对丰富。因此，土壤偏酸时谷子较合理的氮、磷、钾之比为1∶(0.3～0.5)∶(0.7～1.0)，平均1∶0.4∶0.9；土壤偏碱时谷子施肥的氮、磷、钾比例以1∶0.5∶0.5较为合适。

二、谷子施肥技术

（一）秧田施肥

谷子施肥应根据谷子的特点，分别采取不同的施肥技术。优质农家肥（如腐熟人粪尿、厩肥或幼嫩绿肥等，每亩施1～1.5t）和适量化肥或专用肥作基肥。氮肥要深层施。湿润秧田育秧可在秧田第二次犁田时，每亩施碳酸氢铵15～25kg（或硫酸铵15～20kg）和专用肥15～20kg。在早、中谷育秧期间正遇低温阴雨天气，土壤有效磷和速效钾含量较少，应施用磷肥（每亩施过磷酸钙或钙镁磷肥30～40kg）和钾肥（每亩施氯化钾10kg或专用肥15～25kg）作基肥，减少谷子烂秧和培养壮秧。早、中谷秧田追肥1～2次。谷秧生长到3叶期时追肥，称断奶肥。一般断奶肥用速效氮肥或人粪尿，每亩施尿素3～4kg或硫铵7.5～10kg、腐熟人粪尿500kg。

（二）本田施肥

谷子本田期各生长阶段施肥量有所不同，应根据预期产量、谷子对养分的需要量、土壤养分的供给量以及所施肥料的养分含量和利用率等确定。例如，丰产田每亩一季谷子产量500kg，亩施氮量（纯氮）12kg，磷、钾量可通过氮、磷、钾比例计算。施肥时期可分为基肥、分蘖肥、穗肥、粒肥（视谷子生长势而定）四个时期。

1. 施肥原则

有机肥和化肥配合施用；氮、磷、钾配合施用；缓效性肥料与速效性肥料配合施用；大量元素和微量元素配合施用。

2. 施肥量

因品种熟期不同确定不同的施肥量，晚熟每亩施肥量为氮（N）20～22kg、磷（P_2O_5）9kg、钾（K_2O）6kg、硅（SiO_2）50kg；中、早熟施肥量为纯氮（N）16～18kg、磷（P_2O_5）8kg、钾（K_2O）6kg、硅（SiO_2）50kg。

3. 施肥时间

（1）基肥。在每亩施有机肥1～2t基础上，晚熟种类施谷子专用肥40～60kg（或磷酸二铵20kg、尿素14～16kg、氯化钾10kg），硅肥50～100kg；中、早熟施谷子专用肥30～50kg（或磷酸二铵17kg、尿素10.5～13kg、氯化钾8kg）。

（2）分蘖肥。分2次施用，中、早熟品种第一次在谷子3.5～4叶期，每亩追施谷子专用肥5～6kg或尿素5.5～6kg，盐碱地每亩可追施硫酸铵15kg；第二次在插秧后6叶期，每亩追施谷子专用肥5～6kg或尿素5.5～6kg。

（3）穗肥。根据田间长势确定追肥量和追肥时间一般在7月10日左右，晚熟品种每亩追施谷子专用肥4～4.5kg或尿素4kg；中、早熟品种每亩追施谷子专用肥3～4kg或尿素3.5～4kg。

（4）粒肥。在谷子齐穗后，晚熟品种每亩追施谷子专用肥3～4kg或尿素3kg；中、早熟品种每亩追施谷子专用肥2～3kg或尿素2～3kg。

（三）直播谷子施肥

晚谷一般为30～40d，最长达50d。晚谷秧田宜用肥效缓而持久的塘泥、猪粪尿等1～2t作基肥。也要施用磷肥，每亩基施过磷酸钙25～30kg或钙镁磷肥25～30kg。钾对晚谷非常重要，施钾肥可防止秧苗叶斑病、褐斑病等，每亩晚谷秧田施氯化钾8kg左右作面肥。应特别注意基肥少施或不施氮肥，以利于控制秧苗生长；用氮肥作追肥，必须严格看苗施肥，秧苗中期无缺氮现象不追肥；晚谷秧苗施起身肥（送嫁肥）以移栽前两天每亩施硫铵10kg或尿素5kg为宜。

三、谷子专用肥料配方

配方：谷子专用肥料配方

氮、磷、钾三大元素含量为30%的配方：

30%＝N 15∶P_2O_5 7.5∶K_2O 7.5＝1∶0.5∶0.5

原料用量与养分含量（kg/吨产品）：

硫酸铵100　N＝100×21%＝21

$S=100\times24.2\%=24.2$

尿素 258 $N=258\times46\%=118.68$

磷酸一铵 93 $P_2O_5=93\times51\%=47.43$

$N=93\times11\%=10.23$

过磷酸钙 150 $P_2O_5=150\times16\%=24$

$CaO=150\times24\%=36$

$S=150\times13.9\%=20.85$

钙镁磷肥 20 $P_2O_5=20\times18\%=3.6$

$CaO=20\times45\%=9$

$MgO=20\times12\%=2.4$

$SiO_2=20\times20\%=4$

氯化钾 125 $K_2O=125\times60\%=75$

$Cl=125\times47.56\%=59.45$

硅肥 137 $SiO_2=137\times50\%=68.50$

氨基酸硼 8 $B=8\times10\%=0.8$

氨基酸螯合锌、锰 10 氨基酸 30 生物制剂 20 增效剂 10 调理剂 39

第五节 微生物肥料在牡丹种植中的应用

牡丹是我国一种著名的观赏类的花卉，其花朵硕大，雍容华贵，深受人们的喜爱。牡丹生长在中性或微碱性土壤中，不耐酸，不耐黏性土壤。牡丹喜肥，尤其是氮、钾等元素较为齐全的肥料，目前常用的肥料为无机的复合肥或畜禽粪便等有机肥。牡丹为肉质根，施用无机复合肥时必须施在距主根较远的地方，如果施肥距主根太近，容易引起牡丹根部失水，进而影响矿质元素的吸收，长期施用无机复合肥容易造成土壤的板结和地下水资源的污染；施用有机肥必须经过沤制腐熟，未经腐熟的有机肥会发酵释放有机酸，进而引起牡丹根的腐烂。另外，牡丹在生长过程中，容易受到不良环境条件的影响和病原微生物的侵染，牡丹的叶、枝条和根茎部均可成为病原微生物危害的部位，目前采用的解决办法通常是施化学农药或剪除病害枝叶等，但是长时间大量施用化学农药易使病原微生物产生抗药性，同时造成环境污染并破坏生态平衡。牡丹作为观赏花卉，施用化学农药还会威胁游客的身体健康。

一、微生物肥料在牡丹种植过程中应用的必要性

随着农业的发展，其副产物及废弃物也越来越多，它们大量堆积发酵，对环境造成严重污染，释放出的腐臭气味和有害物质对人们的生活造成不良影响，如果能作为底物，用来生产生物肥料也是一种好的解决方法。

本发明的目的在于提供一种牡丹灌根用复合微生物菌肥的制备方法，通过该方法制备的复合微生物菌肥不仅可以为牡丹生长提供各种营养成分，而且能够抑制牡丹病原微生物的生长，为牡丹根部提供微生物保护。

二、牡丹灌根用复合微生物菌肥的制备方法和步骤

步骤一，取热带似丝酵母进行活化，培养至对数生长期，得到含热带假丝酵母的混合物 A；按质量比 1∶4 取红薯渣和水果废弃物，粉碎至 1.5cm 以下，以红薯渣和水果废弃物总质量为基准，加入 1%的尿素，搅拌均匀得到混合物 B；将混合物 A 接种到混合物 B 中，接种量为混合物 B 质量的 1%，室温搅拌发酵 4～5d，制得发酵物Ⅰ。

步骤二，按质量比 1∶1∶(2～3)∶(2～3)取鸡粪、牛粪、沼气池渣和粉碎至 1cm 以下的小麦秸秆，混合均匀得到混合物 C，以混合物 C 的质量为基准，加入 5%的生石灰，暴露于空气中，自然放置 3～5d，制得发酵物Ⅱ。

步骤三，将步骤二制得的发酵物Ⅱ加入到步骤一制得的发酵物Ⅰ中，其中发酵物Ⅱ与发酵物Ⅰ质量比为 3∶1，混匀后得到混合物 D；存混合物 D 中接种处于对数生长期的白地霉、巨大芽孢杆菌和胶冻样芽孢杆菌，且各菌株的接种量均为混合物 D 质量的 1%，于 30℃条件下搅拌发酵 4～6d，制得发酵物Ⅲ。

步骤四，以苜蓿为宿主植物，在扩繁基质中扩繁根内球囊霉，接种量为 3%～5%，当根内球囊霉孢子达到每克土中含 30 个以上时，打碎苜蓿根和扩繁基质，获得含有根内球囊霉菌根真菌孢子、根内外菌丝和侵染根段的混合物 E1；以苜蓿为宿主植物，在扩繁基质中扩繁摩西球囊霉，接种量为 3%～5%，当摩西球囊霉孢子达到每克土中含 30 个以上时，打碎苜蓿根和扩繁基质，获得含有摩曲球囊霉菌根真菌孢子、根内外菌丝和侵染根段的混合物 E2；将混合物 E1 和混合物 E2 按质量比 1∶1 混合均匀获得混合物 E。

步骤五，按质量比 100∶90∶2∶1 取发酵物Ⅲ、混合物 E、鱼粉和硫酸锌，将混合物 E、鱼粉和硫酸锌加入到发酵物Ⅲ中，混匀后制得半固体状的

混合物 F。

步骤六，取卡占草芽孢杆菌 HS5B5，在种子培养基中活化，活化后转入发酵培养基中发酵，当枯草芽孢杆菌 HS5B5 生长至稳定期时，得到含有枯草芽孢杆菌 HS5B5 的混合物 G。

步骤七，将步骤五制得的混合物 F 与步骤六制得的混合物 G 按质量比（3～5）：1混合，搅拌均匀即制得牡丹灌根用复合微生物菌肥。

三、所制备微生物肥料对牡丹生长的有益作用

本方法的各种原料和微生物在相关工艺的处理下，使所制备出的牡丹灌根用复合微生物菌肥中的各种成分相互协同，最终达到促进牡丹生长、延长花期、防治牡丹病害的目的。

通过本方法制备的牡丹灌根用复合微生物菌肥经灌根进入土壤，菌肥中的各种微生物与土壤微生物之间形成微妙的动态半衡，使菌肥中各种有机物在各微生物之间转化和利用，最终释放出牡丹可以直接吸收利用的营养物质到土壤中，进而被牡丹吸收利用。根内球囊霉和摩西球囊霉在土壤生长繁殖过程中，大部分菌丝在牡丹根际周围蔓延并与牡丹根系共生，增大了牡丹根系对营养物质的吸收面积，有利于牡丹对磷等矿质元素的吸收，同时根内球囊霉和摩西球囊霉与枯草芽孢杆菌 HS5B5 相互协同，共同抵御病原微生物对牡丹的侵袭；添加硫酸锌，可以显著提高牡丹的自身抗逆性和多种病害的抵抗能力，加速叶绿素的形成，枝繁叶茂，促进牡丹的营养生长。

本发明所用原料红薯渣、苹果鲜渣、苹果落果、鸡粪、牛粪、沼气池渣、小麦秸秆均为廉价易得的农业副产物、废弃物或生活垃圾，经发酵处理后，不仅可以缓解环境污染的压力，而且制得的菌肥能够满足牡丹对营养成分的需求，同时对改善土壤通透性、增强土壤肥力有良好的效果，还可以促进牡丹根系生长，延长花期，抑制牡丹病原微生物的生长，为牡丹根部提供微生物保护。

四、具体实施方式

下面结合具体实例对本发明作进一步详细的说明。以通过实施牡丹灌根用复合微生物菌肥（以下简称牡丹专用菌肥）以及在制备过程中制得的中间产物进行试验应用。

（一）试验一

在牡丹花期前一个月，选取长势相同的牡丹400株，随机分为①、②、③、④、⑤、⑥、⑦和⑧八组，每组50株，各组分别处理如下。

①用牡丹专用菌肥灌根，同时用枯草芽孢杆菌HS5B5菌剂喷洒牡丹枝叶。

②用牡丹专用菌肥灌根，同时用水喷洒牡丹枝叶。

③用发酵物Ⅲ灌根，同时用水喷洒牡丹枝叶。

④用混合物D灌根，同时用水喷洒牡丹枝叶。

⑤用水灌根，同时用枯草芽孢杆菌HS5B5菌剂喷洒牡丹枝叶。

⑥用水灌根，同时用水喷洒牡丹枝叶。

⑦用普通微生物菌肥灌根，同时用枯草芽孢杆菌HS5B5菌剂喷洒牡丹枝叶。

⑧用普通微生物菌肥灌根，同时用水喷洒牡丹枝叶。

上述处理中灌根用的牡丹专用菌肥、发酵物Ⅲ、混合物D和普通微生物菌肥均按80g/株使用，用水稀释成1000mL进行灌根；⑤和⑥中，每株牡丹施用1000mL水灌根。

上述处理中喷洒牡丹枝叶用的枯草芽孢杆菌HS5B5菌剂为实施案例制备过程中的混合物G，按10g/株使用，用水稀释成500mL均匀喷洒枝叶；②、③、④、⑥和⑧中，每株牡丹施用500mL水喷洒枝叶。

每15d重复处理一次，30d后观察并记录花期、新枝长度、成花率、花径、单花质量和感染真菌病害株数（所述真菌病害主要指牡丹褐斑病等常见牡丹真菌病害，以下所述的真菌病害与此相同），结果见表8-5。

表8-5 各种处理对牡丹开花的影响

处理	花期/d	新枝长/cm	成花率/%	花径/cm	单花质量/g	感染病害/株
①	8.21±0.4a	8.21±0.4a	100.0±0.0a	18.6±2.2a	30.52±1.90a	1
②	7.83±0.4a	7.83±0.4a	100.0±0.0a	18.1±2.3a	29.70±1.35a	8
③	7.17±0.4b	7.17±0.4b	96.3±3.2b	16.9±1.9b	25.19±3.54b	13
④	6.93±0.4b	6.93±0.4b	89.5±5.3c	15.8±2.1b	20.76±1.53c	16
⑤	6.23±0.5c	6.23±0.5c	87.8±4.6c	15.5±2.3bc	20.12±1.44c	9
⑥	5.97±0.5c	5.97±0.5c	83.2±2.5d	15.0±3.1c	14.94±1.28b	26
⑦	6.71±0.5b	6.71±0.5b	3.0	15.7±2.3bc	20.57±1.59c	11
⑧	6.46±0.4b	6.46±0.4b	86.5±3.3b	15.6±2.9bc	20.68±1.38c	19

牡丹是观赏类花卉，整株牡丹花花期时间越长，则带来的收益越高；

新枝长代表当年升花枝条的长势，枝条较长，花朵直立，则叶里藏花的情况得到改善，可以增加观花效果；成花率反映花蕾营养发育情况；花径和单花质量均反映花朵大小，花朵越大，则观赏效果越好：a、b、c和d均表示不同数据间差异的显著性，相同字母间差异不显著，不同字母间差异显著。

结果表明：①组平均整个花期为8.21d，新枝最长，花冠硕大，成花花率100%表示植株上部所有新枝均能成花，说明植株营养状况较好，无花蕾败育情况。同时只有1株牡丹感染真菌病害；②组与①组差异不明显，但是有8株牡丹感染真菌病害，说明用牡丹专用菌肥灌根能够对牡丹根部形成保护，在一定程度下对牡丹真菌病害能起到防治作用，如果同时用枯草芽孢杆菌HS5B5菌剂喷洒牡丹枝叶，则能够对牡丹枝、叶以及根、茎形成各方位保护，能更好地抑制真菌病原菌，对牡丹真菌病害的防治效果也更好；③组和②组相比，花期缩短将近1天，成花率、花径和单花质量都比①组显著降低，感染病害植株数也较多，说明混合物E中的丛枝菌根混合物以及鱼粉、硫酸锌能够增加和丰富营养的吸收，促进光合作用，延长花期，提高牡丹的抗逆性，并减少病害的发生；④组施用混合物D，其各项指标均比③组略差，分析表明，混合物D中含有一定量的不易被牡丹吸收利用的氮素、碳水化合物、蛋白质和少量的生化黄腐酸；⑤组施用枯草芽孢杆菌HS5B5菌剂（即混合物G）喷洒枝叶，可以在一定程度上预防牡丹真菌病害的发生，但同时仅用水进行灌根，和①组相比，各项指标明显降低，牡丹缺少了大量营养物质，降低了植株的抗逆性。①组与⑦组或②组与⑧组相比，平均花期延长20%以上，成花率和花的品质也大幅增加，说明牡丹专用菌肥对提高牡丹品质、延长牡丹花期比普通微生物菌肥效果更好。综合以上分析，通过实施案例制备的牡丹专用菌肥施用后，能够提高牡丹的抗逆性以及花的品质，延长花期，促进牡丹开花，增加开花数量。混合物G即枯草芽孢杆菌HS5B5菌剂喷洒枝叶后，也能够明显降低牡丹感染真菌病害的概率，因其是液体状态的特性，可以在实际应用时喷洒与灌根配合施用。

（二）试验二

在牡丹营养生长阶段，选取洛阳国际牡丹栽培区长势相同的牡丹400株，随机分为八组，具体分组及各组处理均与试验一相同。

每15d重复处理一次，45d后记录牡丹营养生长情况，结果如见8-6。

表 8-6　各种处理对牡丹营养生长的影响

处理	SPAD	净光合速率 /μmolCO_2·m^{-2}·S^{-1}	气孔导度 /mol·m^{-2}·S^{-1}	蒸腾速率 / m mol·m^{-2}·S^{-1}	水分利用效率	感染病害/株
①	70.92±5.48a	13.46±0.4a	0.2±0.01a	5.8±0.1a	2.32±0.22a	2
②	65.32±5.31a	11.69±0.18b	0.17±0.01ab	5.2±0.12a	2.25±0.42ab	7
③	56.8±5.07b	9.88±0.82c	0.14±0.02bc	4.48±0.33b	2.21±0.14ab	14
④	56.79±5.19b	9.66±0.49c	0.11±0.02c	4.68±0.46b	2.06±0.13ab	19
⑤	54.61±8.90c	8.35±1.12d	0.1±0.0c	4.12±0.33c	2.03±0.04ab	9
⑥	45.19±7.06d	7.56±0.43d	0.1±0.01c	3.75±0.32d	2.02±0.31b	28
⑦	55.57±6.08b	9.13±0.87cd	0.11±0.01c	4.85±0.28b	2.05±0.07ab	12
⑧	54.97±5.08b	9.02±0.75cd	0.11±0.0c	4.28±0.28c	2.04±0.12ab	17

表 8-6 中，SPAD 表示叶绿度，反映了叶片叶绿素含量高低，与净光合速率一起体现植株的光合同化能力；气孔导度增大，可以减轻气孔限制，促进光合作用的增加，但也不可避免地增加了蒸腾失水；水分利用效率增加，说明气孔导度增加则蒸腾作用增强，但促进光合作用的效应更为明显；a、b、c 和 d 均表示不同数据间差异的显著性，相同字母间差异不显著，不同字母间差异显著。

结果显示：①组牡丹长势最好，也只有 2 株牡丹感染真菌病害；②组与①组差异明显，而且有 7 株牡丹感染真菌病害，进一步说明用牡丹专用菌肥灌根的同时，用枯草芽孢杆菌 HS5B5 菌剂喷洒牡丹枝叶能够更好地拮抗真菌病原菌，对牡丹真菌病害的防治效果也更好；③组和②组相比，光合速率明显降低，说明缺少了丛枝菌根以及鱼粉、硫酸锌，不仅使根际吸收面积减少，而且缺乏氮基酸和锌素，导致光合作用不足植株抗逆性降低，牡丹营养生长的各项指标有了显著性降低；④组施用混合物 D，其营养生长的各项指标比⑨组差，进一步说明混合物 D 中的营养物质不如⑨组容易被牡丹吸收利用；⑤组施用混合物 G 喷洒枝叶，可以一定程度上预防牡丹真菌病害的发生，但营养物质不足，降低了植株的抗逆性。①组与⑦组或②组与⑤组相比，叶绿素含量高，光合作用增强，说明植株更为健壮，抗病能力增强。综合以上分析，牡丹专用菌肥能够提供丰富的营养物质，促进牡丹的光合作用和营养生长，提高植株的抗逆性，有效预防牡丹真菌病害的发生。

综上所述，②、③、④组和⑥组四组相比，②组处理的牡丹叶绿素含量最高，光合速率最强，平均花期最长，感病株数也最少，说明通过实施案例提供的方法制备的菌肥能够促进牡丹根系生长、延长花期，对牡丹真菌病害也有一定的防治效果；①、②组和⑤组三组相比，①组牡丹长势最好，平均花期最长，新枝最长，花冠硕大，成花率100%（表示植株上部所有新枝均能成花），仅有一两株牡丹感染病害，说明菌肥配合枯草芽孢杆菌HS5B5菌剂使用对牡丹防止真菌病害的效果更好；①组与⑦组或②组与⑧组相比，说明通过实施案例制备的牡丹专用菌肥比普通微生物菌肥更具针对性，对牡丹的营养生长和延长花期具有良好的效果。

参考文献

[1] 麻名汉. 微生物饲料添加剂的应用与安全问题 [J]. 养殖与饲料, 2017: 03.

[2] 席兴军, 兰韬, 初侨, 等. 不同畜禽微生物饲料添加剂对肉鸡、生猪养殖效果对比试验研究 [J]. 饲料与畜牧, 2017: 07.

[3] 李旺. 微生物知识在动物营养与饲料科学教学和科研中的应用 [J]. 饲料与畜牧, 2017: 19.

[4] 贾志霞. 微生物饲料添加剂的应用现状与展望 [J]. 畜牧与饲料科学, 2011, 32: 02.

[5] 吴东. 复合微生物饲料添加剂的研究 [D]. 兰州: 兰州交通大学, 2015.

[6] 王熙涛, 张玉苍, 何连芳. 餐厨废弃物发酵生产微生物饲料的资源化研究 [J]. 环境工程, 2010: 28.

[7] 杨金玉, 张海军, 武书庚, 等. 肉鸡饲用微生物添加剂应用研究进展 [J]. 中国饲料, 2013: 10.

[8] 李莉, 李兴华, 林森, 等. 微生态制剂应用的研究进展 [J]. 广西畜牧兽医, 2013: 02.

[9] 曹乐民, 周云帆, 韩二芳. 微生态制剂的应用研究进展 [J]. 河南农业, 2013: 04.

[10] 任科润, 齐景伟, 乌兰, 等. 反刍动物微生态制剂开发应用的研究进展 [J]. 饲料研究, 2012: 12.

[11] 徐鹏, 董晓芳, 佟建明. 微生物饲料添加剂的主要功能及其研究进展 [J]. 动物营养学报, 2012: 08.

[12] 高飞. 微生态制剂饲料饲喂肉羊效果研究 [J]. 河南农业科学, 2011: 10.

[13] 刘瑞丽, 李龙, 陈小莲, 等. 复合益生菌发酵饲料对肥育猪消化与生产性能的影响 [J]. 上海农业学报, 2011: 03.

[14] 张海涛, 王加启, 卜登攀, 等. 日粮中添加纳豆枯草芽孢杆菌对断奶前犊牛生长性能的影响 [J]. 中国畜牧杂志, 2011: 03.

[15] 邱凌，曾东，倪学勤，等．微生态制剂对奶牛产奶量和乳品质与肠道菌群的影响［J］．中国畜牧杂志，2011：03.
[16] 文静，孙建安，周绪霞，等．屎肠球菌对仔猪生长性能、免疫和抗氧化功能的影响［J］．浙江农业学报，2011：01.
[17] 陶蕾，周玉岩，赵凤舞，等．微生物发酵饲料在畜禽养殖中的发展现状及应用［J］．安徽农业科学，2015：13.
[18] 彭忠利，郭春华，柏雪，等．微生物发酵饲料对乐至黑山羊生产性能、养分消化率与血液生化指标的影响［J］．中国农业科技导报，2013：05.
[19] 彭忠利，郭春华，柏雪，等．微生物发酵饲料对山羊生产性能的影响［J］．贵州农业科学，2013：06.
[20] 孙汝江，吕月琴，高明芳，等．微生物发酵饲料在蛋鸡生产中的应用研究［J］．中国饲料，2012：15.
[21] 梁睿，李振，徐刚，等．发酵饲料对蛋雏鸡生长性能和生理指标的影响［J］．饲料博览，2012：04.
[22] 吴道义，刘翠娥，周理扬，等．酒糟生物饲料对肉牛育肥效果研究［J］．饲料博览，2012：01.
[23] 高飞．微生态制剂饲料饲喂肉羊效果研究［J］．河南农业科学，2011：10.
[24] 孙满吉，刘彩娟，张永根，等．直接饲喂酵母培养物对奶牛瘤胃发酵的影响［J］．动物营养学报，2010：05.
[25] 林标声，罗建，戴爱玲，等．微生物发酵饲料对断奶仔猪生长性能的影响［J］．安徽农业科学，2010：05.
[26] 史秀宏，孙涛，李嵩，等．硅酸盐微生物菌剂对水稻硅含量及产量的影响［J］．作物杂志，2015：06.
[27] 王笑庸，牛彦波，殷博，等．生物肥料生产菌株对有机磷农药降解能力的比较研究［J］．黑龙江科学，2015：09.
[28] 陈颖潇，何胥，施洁君，等．黄瓜霜霉病生防菌株的筛选及防病促生研究［J］．安徽农业科学，2015：23.
[29] 张爱媛，李淑敏，韩晓光，等．根瘤菌与钼肥配施对大豆干物质积累、分配及产量的影响［J］．中国农学通报，2015：21.
[30] 汪钱龙，张德智，王菊芬，等．不同植物促生细菌对玉米生长的影响及其生长素分泌能力研究［J］．云南农业大学学报（自然科学），2015：04.
[31] 戴以周，韦青侠．几种生防菌剂对番茄的促生作用［J］．安徽农业科

学，2015：18.
[32] 于志强，徐永清，李凤兰，等. 腐熟秸秆覆盖及EM菌发酵肥对黄瓜品质影响的研究 [J]. 作物杂志，2015：03.
[33] 刘丽，马鸣超，姜昕，等. 根瘤菌与促生菌双接种对大豆生长和土壤酶活的影响 [J]. 植物营养与肥料学报，2015：03.
[34] 周法永，卢布，顾金刚，等. 我国微生物肥料的发展阶段及第三代产品特征探讨 [J]. 中国土壤与肥料，2015：01.
[35] 钱建民，王晓岑，段雪娇，等. 微生物肥对马铃薯产量及品质的影响 [J]. 作物杂志，2015：01.
[36] 李博文，刘文菊，张丽娟. 微生物肥料研发与应用 [M]. 北京：中国农业出版社，2016.
[37] 郑怀国，串丽敏，孙素芬. 生物肥料行业发展态势分析 [M]. 北京：中国农业科学技术出版社，2016.
[38] 张洪昌，段继贤，赵春山. 肥料安全施用技术 [M]. 北京：中国农业出版社，2016.
[39] 郭金玲，李梦云. 饲料安全应用关键技术 [M]. 郑州：中原农民出版社，2016.
[40] 饶正华. 饲料中微生物及其毒素的检测与风险评估 [M]. 北京：中国标准出版社，2013.
[41] 韩长日，吴伟熊，宋小平. 饲料添加剂生产与应用技术 [M]. 北京：中国石化出版社，2013.
[42] 乌栽新，王毓洪，张硕. 生态农业链——复合微生物肥料 [M]. 北京：中国农业科学技术出版社，2012.
[43] 欧善生，张慎举. 生物农药与肥料 [M]. 北京：化学工业出版社，2011.
[44] 刘庆华. 配合饲料生产与应用技术 [M]. 郑州：河南科学技术出版社，2011.
[45] 杨旭初，屠乃美，易镇邪，等. 烟田施用微生物肥料的效应研究进展 [J]. 作物研究，2016：02.
[46] 褚冰倩，乔文峰. 微生物肥料在农产品生产中的应用 [J]. 现代农业科技，2011：09.
[47] 许景钢，孙涛，李嵩. 我国微生物肥料的研发及其在农业生产中的应用 [J]. 作物杂志，2016：01.
[48] 王高鸿，杜艳伟，李颜芳，等. 微生物肥料在谷子上的应用 [J]. 北方农业学报，2017，45 (06)：5556.

[49] 刘建军. 微生物肥料对烟叶品质的影响 [J]. 重庆与世界（学术版），2016：11.
[50] 陈龙，孙广正，姚拓，等. 干旱区微生物肥料替代部分化肥对玉米生长及土壤微生物的影响 [J]. 干旱区资源与环境，2016：07.
[51] 黄启亮，韩广泉，侯红艳，等. 新型微生物肥料发展现状与前景 [J]. 现代农业科技，2015：03.
[52] 刘敬彩. 化肥行业新常态下如何脱困 [J]. 化工管理，2015：16.
[53] 靳军宝，高峰，古志文，等. 基于 DII 的生物育种专利技术国际态势分析 [J]. 中国农业科技导报，2015：04.
[54] 宋敏. 基于专利数据的植物抗逆境胁迫基因研究态势分析 [J]. 中国农业科技导报，2014：05.
[55] 杨鹤同，徐超，赵桂华，等. 微生物肥料在农林业上的应用 [J]. 安徽农业科学，2014：29.
[56] 程乾斗，王有科. 微生物肥料在农作物生产中的应用 [J]. 现代园艺，2013：02.
[57] 陈添昌，钟平，李添华，等. 微生物肥料在烟草生产中的应用 [J]. 农技服务，2012：05.
[58] 汉晓红. 微生物肥料对小麦增产效果的试验研究探析 [J]. 农业科技与信息，2011：17.
[59] 杨双. 青贮饲料主要微生物对品质影响 [J]. 中国畜禽种业，2017：12.
[60] 谢文惠，张爱忠，姜宁，等. 微生态制剂及其在肉鸡生产中的应用 [J]. 现代畜牧兽医，2016：11.
[61] 刘波，陈倩倩，陈峥，等. 饲料微生物发酵床养猪场设计与应用 [J]. 家畜生态学报，2017：01.
[62] 张红，曹翠兰，苏炳宽. 微生物发酵饲料在生猪养殖应用 [J]. 中国畜禽种业，2017：02.
[63] 曹蕾，张永辉，朱倩，等. 微生物菌剂青贮饲料饲喂肉牛效果研究 [J]. 甘肃畜牧兽医，2017：02.
[64] 吝常华，王冰，蔡辉益. 肉鸡发酵饲料生产技术的研究进展 [J]. 中国畜牧杂志，2017：05.
[65] 杨黎明，祁兴运. 夏季预防奶牛乳房炎的饲养管理措施 [J]. 湖北畜牧兽医，2017：03.
[66] 颜世方. 复合微生态制剂对仔猪生产性能的影响 [J]. 农民致富之友，2017：06.

[67] 刘崇贞. 肉牛饲料特性及其加工技术 [J]. 养殖与饲料，2017：07.

[68] 翟晓燕. 日粮纤维在仔猪饲养中的应用 [J]. 当代畜牧，2017：02.

[69] 杨军，徐凯. 微生物发酵饲料在畜禽养殖中的应用与发展前景 [J]. 饲料博览，2017：07.

[70] 高林，白子金，冯波，等. 微生物饲料添加剂研究与应用进展 [J]. 微生物学杂志，2014：02.

[71] 骆璇，郭红卫，王颖，等. 上海市猪肉中金黄色葡萄球菌定量风险评估 [J]. 中国食品卫生杂志，2010：3.

[72] 乌兰君. 肉鸡屠宰下脚料发酵肥料及其产品开发 [D]. 沈阳：沈阳农业大学，2017.

[73] 马丽萍，姚琳，周德庆. 食源性致病微生物风险评估的研究进展 [J]. 中国渔业质量与标准，2011：2.

[74] 潘宝海. 益生菌、益生素及合生剂的作用机理和相互关系 [J]. 中国饲料，2000：5.

[75] 乔博，许学斌，顾一心，等. 结肠弯曲菌 Real - time PCR 检测方法的建立 [J]. 中国人兽共患病学报，2012：10.

[76] 饶正华，李兰，苏晓鸥. 玉米赤霉烯酮解脱毒技术研究进展及发展趋势 [J]. 饲料工业，2010：22.

[77] Baoshen WANG，Namo SUN，Haichen JIANG，et a1. Characters of Bioorganic Fertilizer and Trails on Its Effect When Applied to Peach [J]. Agricultural Science and Technology，2013，14 (8)：1132 - 1136.

[78] Beibei Wang，Jun Yuan，Jian Zhang，et a1. Effects of novel bioorganic fertilizer produced by Bacillus amyloliquefaciens W19 on antagonism of Fusarium wilt of banana [J]. Biol Fertil Soils，2013，49：435 - 446.

[79] Ertan Yildirim，Huseyin Karlidag，Metin Turan，et al. Growth，Nutrient Uptake，and Yield Promotion of Broccoli by Plant Growth Promoting Rhizobacteria with Manure [J]. HortScience，2011，46：932 - 936.

